神なき神風

［特攻］五十年目の鎮魂

三村文男

テーミス

ますらをの悲しきいのちつみかさねつみかさねまもる大和島根を

昭和二年　美保関の駆逐艦「蕨」「葦」殉職乗員追悼　三井甲之

序

このたび畏友三村文男氏は、太平洋戦争中の特攻作戦を日本の残した汚点として、これを批判する書を公けにされるという。そしてその書物の序文を私に求められた。

戦時中、安全な部署に身を置いて終戦を迎えた私がその任にふさわしくないことは、自身よく、心得ている。しかし私は三村氏より二年の年長であるが、同じ世代に属し、大学を終えてから同じく戦雲をくぐった。また同じ旧制中学・高校に学び、専門とするところは同じではないが、思想・感覚においては共通するところが多い。とくに特攻攻撃という戦術が世界の戦史に例を見ない非情・無惨な外道の戦法であるとすることは、全く同じ考えである。このような戦術を採用して恥じなかったことは、日本人として深く反省しなければならぬと思っている。

以上が身の不足を顧りみず序文を草する所以である。以下に特攻についての拙い感想を記して、序文に代えさせていただく。三村氏の書かれる本文と多少重複する所があるかも知れないが、寛恕を乞う。

太平洋戦争において、航空機による最初の特攻隊が出撃したのは一九四四年十月二十一日、つづいて十一月八日に人間魚雷と称される小型潜水艇回天特別攻撃隊が出撃した。私はこれらのニュースを報ずる新聞を、四国の松山海軍航空隊のガンルームで読んだときの衝撃を今も忘れることができない。私はそのとき予備学生出身の兵科の海軍少尉で、予科練（海軍飛行予科練習生）の教官の任にあった。

右に記したように私は兵科であって飛行科ではなかったが、一九四三年十月に海軍に入隊したところは茨城県の土浦海軍航空隊で、飛行科十三期予備学生といっしょに訓練を受けた。約三か月の基礎訓練中、強い印象を受けたことの一つは、入隊して一か月くらいたったとき、ニューギニアの前線から帰って来た飛行少佐の訓話である（同期の頼惟勤氏〈のちお茶の水女子大教授〉のメモによると江村日雄少佐）。少佐は圧倒的に優勢な米軍に勝つためには、お前たちに死んで貰うより他はない、飛行機による体当り戦法が唯一の起死回生の道である、と激越な口調で語った。

航空隊のガンルームで私は新聞を見ながら、一年前の少佐の言葉が現実となったと思った。しかしその結果はどうであったか。十三期学生四、七二六名、うち戦死一、六〇五名、そのうち特攻隊員四四七名。陸海軍あわせて特攻機による戦死者三、九一五名、回天による戦死者一三九名、合計四、〇五四名。その犠牲によって得られた戦果は、アメリカ側の記録によれば沈没四八隻（うち小型空母一、護衛空母二、他は小艦艇、輸送船）、破損三一〇隻という。日本の軍指導部は、特攻攻撃の戦果の上らないことを知りながら、終戦時までこの拙劣・無謀の戦術を撤回しなかった。

今年（一九九五年）の五月、私は三期兵科の友人約四十名とともに広島県江田島の海上自衛隊術科学校を訪ねた。ここはもと海軍兵学校で、三期予備学生のうちにはここで基礎訓練を受けた者もいる。それで思い出の地を再訪したのだが、校内見学のあと、海上自衛隊が兵学校から受けついだ「参考館」も参観した。この施設は兵学校の卒業生である旧海軍将校の遺品・墨跡・写真等を保存・展示している一種の記念館である。私も海軍在籍のとき、一度参観したことがあるが、外観はもちろん、内容もあまり変っていない。五十年前と同様、海軍の赫々たる功績を誇る展示である。

その一つに特攻隊に関する一室があった。むろんかって私の見た時にはなかった展示である。海軍の特攻第一号の関行男大尉をはじめ多くの戦死した将校の写真・遺書・軍帽・短剣等々の品が陳列してある。それをまのあたりにすると、この人びとの国を愛する至誠にあらためて感動せざるを得ないが、熱誠が報いられることなく日本が降伏したことを思うと、暗澹たる思いが悲しみとなってこみあげてくる。ところが室に掲げられた解説には私の思いとは全く別のことが書かれていた。それは特攻攻撃にあらわれた日本精神と日本民族の優秀性を讃美するだけで、この無謀・外道の戦術についての反省の気持ちはほとんどみられない。もとより死者に対する謝罪のことばは一言もない。

一体、特攻をどう思っているのか。

私の心のなかの暗澹たる悲しみは、次第にやり場のない怒りに変っていった。参考館の外に出ると、瀬戸内海の碧の海をわたる風はさわやかに若葉をそよがせていた。太陽は美しく輝いていた。しかし私の心は晴れなかった。

一九九五年十二月十日

大阪市立大学名誉教授　直木孝次郎

はしがき——戦争体験の風化ということ

　戦争体験の風化という語がマスコミに登場してからすでに久しい。それではいけないということで、戦争のためにこんなひどい目にあった、ひもじい思いをした、という個人的な体験談から、日本兵はこんな残虐行為をした、日本人はこのように植民地の人びとをしいたげた、はては自分はこんな戦争犯罪をおかした、といった話が、毎日のテレビや新聞、雑誌のどこかに、くりかえし出てきてとどまるところを知らない。まるで戦争体験とは、そういうものでしかなかったかのようである。

　しかしこれはマスコミが過去の日本および日本人を非難攻撃するのが正義だという信念のもとに、その材料とならない歴史を葬り去ろうとする方針から、戦争体験の大きな部分を意識的に排除しているからである。そのため戦中を生きてきた人びとが、もはや残り少なくなってきたことと相俟《あいま》って、重要な戦争体験は失われ、忘れ去られようとしているのである。日本国民の誇りとともに。

　一九九〇年（平成二年）七月二十七日、鹿児島県知覧町を訪問された秋篠宮御夫妻を、同町長は武家屋敷という名の田舎侍の住居跡——この表現にはいささかの悪意をこめたつもりである――にご案内申し上げたが、目と鼻のところにある特攻基地跡は無視してかえりみなかった。そこには御夫妻と同じ年齢層の、君国に殉じた若い人たち一〇一五柱の霊を祀《まつ》った特攻平和観音堂があり、特攻遺品館にはその遺影遺文などが展示されているのである。昭和二十年五月十一日早朝、その地を飛び立ってかえらなかった一高生鷲尾克巳陸軍少尉は、私の中学以来の同窓である。一九八八年（昭和六十三年）三月十八日、私は大きな額に入れられた彼の遺影の前に立った。記憶にのこるむかしの面影そのままであった。

この時の旅行は特攻基地巡礼が目的で、娘の運転する車に私ども夫婦が同乗し、神戸から夜行のフェリーで日向に向かった。ところが船内にいるときから南九州の天候があやしくなり、雨の中を上陸したとき、目的地の大隅地方には大雨洪水警報が出ていた。やむなく最初の訪問予定だった鹿屋を断念し、国分を経て知覧に行き、翌日出水へ向かうことにした。

地図で見ると出水の特攻隊公園は、ＪＲ出水駅よりも手前の西出水駅のほうが近いと思われたので、その駅前食堂に寄って道を尋ねたら、知らぬと言われた。客待ちのタクシー運転手に聞いて、やっと教えてもらった。人気のない小さな名ばかりの公園の石碑には、ひっそりと花が活けられていた。帰りに特急停車駅である出水駅の売店に寄り、知覧のときのように記念の絵葉書を買おうとしたら「特攻隊公園の絵葉書はないけど、鶴の絵葉書ならありますよ」と言われた。これが九州では陸軍の知覧とならんで、大勢の海軍特別攻撃隊を見送った地元の人びとの今の姿なのである。戦争体験の風化というならば、こういうことが先ではないのか。

一九八九年（平成元年）四月二十日、国学院大学教授岡野弘彦氏はＮＨＫテレビ「人間大学〈日本人のうたと死生観〉」第三回で、出水の鶴の群れに特攻隊の若者たちの姿を重ね合わせた感慨を語られた。そして歌集『天の鶴群』（一九八七年、不識書院）から次の二首を披露し、出水の地を新しい現代の歌枕とされたのである。

はろばろと空ゆく鶴の細き首あはれいづくに降りむとすらむ
真白羽を空につらねてしんしんと雪ふらしこよ天の鶴群（あめのたづむら）

この放送を聞いていて、近ごろ触れたことのない言葉の数かずに、多大の感銘を覚えたのであるが、私にとって出水の印象はいいものではなかった。岡野氏の感動に水をさすつもりはないが、私の感懐は次のようなものであった。

若人のとび去りゆきし里に来て昔をかたる人すらもなく
人しれずおかれし花に鬱積の心なごみぬいしぶみの前
特攻をしのぶよすがはなけれども鶴のえはがきありとすすむる

地元の人たちにとって、武家屋敷や鶴の群れは観光資源であっても、特攻基地跡はよそ者がやってきて、出ていっただけのものにすぎないのだろうか。

そうでもあるまい。世の中は知覧町長や出水の食堂従業員のような人ばかりではない。出水の記念碑には小さいが花がそなえられてあった。国分基地は地元の青年団が管理の労をとっておられた。戦前戦中の不良日本人の悪行をあばきたてるしか能のないマスコミと、それに教化され、あるいは迎合する人たちは無関心であっても、五十年間特攻のことを考えつづけてきた人たちもいるのである。私は以下の文を草するにあたって、多くの方がたの、ふだんは口に出さぬ思いにふれて、その感を深くしたことであった。

新しい読者の皆様に

人生二十五年という言葉がありました。今は死語ですが、大東亜戦争が始まって、二年を過ぎる頃に出来たと記憶しています。はじめてこの語を新聞で目にした時は、ぶっきらぼうな語呂になじめず、抵抗を感じましたが、まさに実感でした。大学生であった私自身、二十五歳まで生きのびられるとは、思っていなかったからです。戦争で死ぬのが自分の人生だ、それが運命だと思いさだめていました。

緒戦の捷報に感動し、その後も連戦連勝の報道によろこびはしましたが、あまりに空疎な政府大本営の叱咤の掛け声をきくたびに、戦争の前途が危ぶまれました。その典型がラジオで聞く東條首相の演説であり、陸海軍報道部長の大本営発表でした。学生の身分にもかかわらず、非合法手段を使ってでも、東條首相を仆せば、何とかなるのではないかと考え、空しい努力をしたこともありました。

昭和維新という言葉に望みをかけたこともありますが、それも絶え果て、辿りついた結論は、この戦争で死ぬだけだということでした。本土決戦で敵が天皇に危害を加えたなら皇儲《こうちょ》を奉じて戦った南朝の武士のようないくさを続けるのみ。死後はどうなるか。自分が死んでも、いつの日か皇国の甦る日があろう、と念じておりました。

戦争は全く思いがけない形で、だしぬけに終わりを告げることになります。死ぬだけが人生としていた人間にとって、戦争が無くなったということは、生も死も意義を失い、目標の消滅でした。学友はじめ同世代の戦死の報をきくたびに、自分もすぐに後に続くから許してくれと、念じていた者には、戦後を生きのびるうしろめたさが、いつまでも残りました。ことに特攻で散華した人たちへの負い目は、何をしてもつぐないきれません。

神戸の震災では、揺れが強すぎて命びろいをしました。二段重ねの本棚の上半分が、襖を破って飛び込み、本と共に頭の上を越えて落ちたのです。頭の上だったら助からなかったでしょう。それを契機に筆をとり、平成八年にこの書を私家版で上梓しました。読者の方々から沢山お便りをいただき、新しい交友が出来ました。

この書が機縁で「月曜評論」、㈱テーミスとかかわることになり、最近『米内光政と山本五十六は愚将だった』を㈱テーミスから出版いたしました。その読者のお便りの中に、絶版になっている『神なき神風』を読みたいという御希望があることを知り、有り難く思いました。このたび自費出版でなく、㈱テーミスから新装版として出版していただくことになりましたのは、以上の事情からです。誤植の訂正以外、内容にかわる所はございません。

森本忠夫氏は「特攻」（文藝春秋）で特攻は「近代思想体系上、日本人以外には誰もが自らには決して許容できない、異端のパラダイムであった」と書かれました。これに対して、私は第九章のはじめに反論しましたが、パレスチナやイラクで自爆攻撃が日常化している現実を見せつけられては、森本氏も考えを改めざるを得ないのではないでしょうか。しかし日本の特攻はあくまで戦闘中の行為であったのに対して、自爆テロは非戦闘員の殺戮という点で、許さるべきものではありません。

人間魚雷回天は、構造上の欠陥から、訓練中の事故で多くの犠牲を出しました。高校同窓の東大生和田稔少尉は、潜航中艦首が沈下したまま復元せず、逆回転できないスクリューのため、海底の砂に頭を突込み、推定十時間後に窒息死されました。残酷な話です。

さらに本書の出版後、私はそれ以上に凄惨な話を知りました。岩井忠正氏が「特攻」(新日本出版社)に書かれた伏竜のことです。これは潜水服を着用して敵上陸地点の海中にひそみ、上陸用舟艇に棒状機雷の触角を当てて、敵と共に爆死するというものでした。水中の呼吸はボンベからの酸素を吸い、呼気の二酸化炭素を吸収缶で除去し循環させ、酸素の不足はボンベから補うという構造でした。ところが管の接合部にわずかの隙間があれば、海水が吸収管に浸入します。吸収管には鉛筆状の苛性ソーダ(水酸化ナトリウム)が何本も入っていて、溶解して熱を出します。吸収管は潜水服の頭の上に取りつけられていますので、呼気のもどって来る管を通って、苛性ソーダの濃厚液が頭上からふりそそぐことになります。

事故は「まず例外なく死をもたらした」と書かれていますが、その死たるや、苛性ソーダの猛烈な腐蝕作用で、頭も顔も皮膚筋肉が焼けただれて形を失い、骨はむき出しとなり、脳髄も破壊されます。死ぬまでの痛み苦しみは、どんな地獄の苦しみの描写も及ばぬものでしょう。犠牲者は「七十一嵐部隊（横鎮）だけで五十名をこす」。他の部隊の記録は「敗戦時に行われた証拠湮滅作業によって廃棄されてしまった」と書かれています。

しかも実戦には何の役にも立たないものでした。出る機会が無かったからではありません。訓練を受けた岩井氏の体験談では、次のような根本的欠陥があったのです。頭上を通る敵艦艇を見ようと上をむけば、重い物を背負った潜水服のため、ひっくり返って、「裏返しにされた亀の子と同じことになり、いくらもがいても自分で立ち上がることはおろか、何の動作もできなくなる」。

この幼稚な設計にもとづく残虐な装置は、もはや兵器といえるたぐいのものではなく、味方を屠殺する為の装置でしかなかったのです。しかし、考案者の清水登大尉は「海軍水雷史」に、「実戦そのままの演習」により「少なくとも隊員の頭上を通った舟艇には百パーセント攻撃が成功していた。特攻機よりも回天よりも、ずっと成功率が高いことがわかった」と書いていることを、門奈鷹一郎氏の『海底の少年飛行兵』（光人社）から引用していられます。伏竜の考案者、設計者、そして伏竜作戦にかかわった命令者、上官たちと軍人官僚たちは、この屠殺行為に対して、誰一人責任をとっておりません。戦争末期の軍紀頽廃だけですまされない、帝国海軍そして皇軍のモラルの欠如です。

この他にも本書刊行後、いろいろ特攻に関する書物が公刊されました。特攻戦死者への鎮魂慰霊の気持ちにあふれた文章には心をうたれますが、それを発案し命令した上級者、是認黙認を続けた軍人官僚に対する評価は、概ね甘いものばかりでした。言訳の弁をつづる見苦しいものは論外として、戦後を生きのびた人たち、さらには戦後生まれの方々の文章のモラルに、首をかしげたくなるものがあります。この情況は、私が本書を世に問いました頃と、あまりかわっておりません。

例えば工藤雪枝氏の「特攻へのレクイエム」（中央公論社）は、神と悪魔を同時にたたえる書でした。靖国神社への思い入れ深い氏を、私はかねがね尊敬しておりましたが、この書には落胆しました。第一航空艦隊司令長官大西瀧治郎中将が、マニラ赴任前に大本営海軍部と交わした、特攻作戦承認に関する対話を叙述して、「申し出る方も、承認する方も、いずれもがつらい決定であったことが窺える。……賛否は別として、統率上いかに耐え難い決心であったか。迫りくる情勢は他の選択肢を検討するいとまさえ与えなかった」と書き、特攻作戦に理解を示します。

一読して、ああこういう人が昔にも海軍にいたから、特攻作戦が続けられたのだ、という感慨をいだきました。「他の選択肢を検討するいとま」が与えられなかったのではなく、検討する「あたま」が無かったのです。彼等を愚将とよぶか、暴将とよぶか、いずれにせよ、この程度のモラルの持主が当時の支配層を占めていたことは、国民の不幸でした。戦後生まれの著者が彼等に共鳴されることは、日本の未来にとって、空おそろしい気さえいたします。

黙過し難いのは、宇垣纒中将の終戦後の私兵特攻という犯罪行為を、あたかも美談のように書かれたことです。「沖縄特攻作戦の最高責任者である第五航空艦隊司令長官宇垣纒中将は、終戦の事実に直面して『多数殉国の将士の跡を追い、特攻の精神に生きんとするにおいて考慮の余地なし』と決意した。」それなら大西中将のように、一人で自決すれば筋が通ります。ところが彼は「参謀長はじめ同期司令官の制止を退け、彗星爆撃機十一機を率いて、大分基地を飛び立ち沖縄の米艦隊に突込んだ。八月十五日午後七時半のことであった。」というのです。

もしこの攻撃で戦果があがっていましたら、真珠湾の無通告攻撃以上に祖国を危うくしたでしょう。当時の日本人のモラルの最高軌範であった、承詔必謹にそむく逆賊行為でありました。工藤氏の評価は、順逆を誤まるものです。いかに海軍のモラルがすたれていたとはいえ、宇垣中将の行為は連合艦隊司令部によって糾弾されました。しかしその処分は甘く、宇垣の行動は特攻と認めず、死後の進級もないが、階級章と栄典の剥奪はしない、というものでした。そのため今も特攻長官宇垣中将として、たたえる人が跡を絶たないのです。

さすがに城山三郎氏は「指揮官たちの特攻」（新潮社）の中で、はっきりと宇垣中将の行為を批判して居られます。しかも道連れ自殺命令の罪以上の罪悪を、彼が犯していたことを、私はこの書ではじめて知りました。たまたま宇佐空基地から大分基地に来ていた中津留達雄大尉は、先任将校の故を以て宇垣機の操縦を命ぜられるのですが、二週間前に生後間も無い愛娘のお七夜で、顔を見て来たばかりだったのです。そんな人が、どうして戦争が終わってしまったのに、犬死攻撃に参加されたのか、というのが年来の私の疑問でした。この書によって疑問は氷解しましたが、おぞましくもいたましい真実を、知ることになりました。中津留大尉はじめ攻撃に参加した若い人たちが、終戦を知らなかったというのです。

大阪の造船所内の診療所に勤めていた私は、ポツダム宣言以来終戦工作が進められていることなど、夢にも知りませんでした。工場内でも街の中でも、そんなデマを耳にしたことはなく、新聞が軽くふれたポツダム宣言など、全く眼中にありませんでした。八月十五日の朝出勤しますと、重大放送が正午にあること、どうやら戦争に負けたらしい、との噂が流れておりました。半信半疑のまま、みんなでラジオの前に集まったのです。しかし政府機関や軍関係の人たちは、デマにしてもわれわれ市井人よりは、情報量が多かった筈です。当然中津留大尉は、少くとも私よりは早く終戦を知ったものと、これまで思っていました。いわゆる玉音放送の後になっても、終戦を知らなかったということは、常識では考えられないこと、あり得ないことでした。ところが現実にはそれがあったというのです。

城山氏の書によれば、五航艦司令部通信室の「二世を含めた英語に堪能な士官たちがサンフランシスコ放送を傍受し続け、関連のあるものについては、直ちに日本語に訳して、宇垣に届けていた」といいます。ポツダム宣言から和平交渉の一切、そして原爆、ソ連侵攻など、すべて全国民より早く情報を得ていました。八月十四日夜、海軍総隊司令長官小沢治三郎中将から「対ソ及対沖縄積極作戦中止」の命令が、宇垣の許に届きました。「宇垣はそれを承知で、まるで反発するように翌日のための出撃命令書を書かせた。もちろん、これらの動きについて、中津留は一切知らされていない」――明らかな抗命です。

十五日夕刻、中津留隊十一機は、大分を飛び立ちました。ところが敵機も敵艦も姿を見せないのを、中津留大尉は不審に思い、戦争が終わったことを感じとり、「煌々《こうこう》と灯のついた泊地」への突入を命じた宇垣に抗して、突入電を打たせたあと、「突入すると見せて、寸前左へ旋回して岩礁へ、後続の部下も「指揮官機の意図を瞬間に読みとり」キャンプの先の水田に突入した、というのが城山氏の推理です。氏は現地でたしかめられた事と、突入電が普通より長かったという、司令部通信室の証言から、中津留大尉が危ういところで祖国を救ったと結論されました。宇垣をたたえる人は、中津留大尉の功績を抹殺しているのです。ただ他にも様子がおかしいので引き返した人がいたことはせめてもの救いです。

情報というソフトが最大の力であることは、情報社会といわれる今も昔もかわりがありません。独裁者は情報を独占します。宇垣は自らの恣意のため、これ以上重要なものは無い貴重な情報を部下に秘匿したまま、二十二人の若者を冥府へ導く死神の役を果たしました。遺族の方々がこのことを知られたら、どう思われるでしょうか。こういうペテンは海軍では他にもありました。

予備学生神津正次少尉が対潜学校にいる時、「特に危険な兵器」だが、「みんなのような元気溌剌な者が適任だ」という募集があり、ほとんど全員が志願しました。彼等が訓練所に到着すると、回天隊の札がかかっていて、必死兵器だと知るのです。戦後の背信行為が肚にすえかねて、調べてみましたら、海軍省人事局文書に、殺し文句がそのまま出ている募集マニュアルを発見し、海軍大臣米内光政大将、次官井上成美中将、軍令部総長及川古志郎、次長伊藤整一中将の捺印があったといいます。「純真な若者を『甘言を弄して釣った』と言っては、いいすぎだろうか」と神津氏は「人間魚雷回天」（図書出版社）に書かれました。

神風特別攻撃隊の最初のころ、新聞で植村真久少尉の遺書に心をうたれましたことは、本書のはじめに記した通りです。愛する令嬢の人形をお守りにして突入された姿を思いうかべて、目頭があつくなりました。はるか時をへだてた先頃、小堀桂一郎氏の「靖国神社と日本人」（PHP新書）の二五七ページに、白い軍服姿の植村少尉が、あどけない赤ちゃんを抱いた写真を見出し、またも涙しました。懐かしい人に出会った思いでした。

小堀氏は神社の遊就館で、遺書の実物とこのお写真に対面されたそうです。令嬢は父君と同じ立教大学を卒業され、昭和四十二年には靖国神社の拝殿で「桜変奏曲」などの舞を奉納、父君たちの霊を慰められたと、小堀氏は書いておられます。
はじめに「人生二十五年」の語をあげました。植村少尉の戦死も二十五歳。その倍の年月を戦後生きのびてしまった私に出来ることは最早かぎられてしまいました。それでも万感の思いを残して、いくさに仆れた人たちの志を、継いでゆきたいと思います。ことに特攻について、いまだ誤った認識が跡を絶ちません。絶版になっておりました本書を、新装版として出したいとの㈱テーミスのお申出を、有難く頂戴しました顛末について、御挨拶申し上げた次第です。

平成十五年八月十五日

目　次

第一章　帝国陸海軍の栄光と汚点

帝国陸海軍の栄光とは何か、特攻である。汚点とは何か、特攻である。いきなり結論めいた書きだしで恐縮だが、この命題を論証することが、私の年来の課題であった。

昭和十九年十月二十五日、レイテの戦いで、海軍の神風特別攻撃隊が爆装体当たりという壮烈な戦死をとげられたという報道には、戦慄に近いほどの、肺腑をつらぬく感動をおぼえた。その時、私は在京の医学生であった。もうすぐ軍医という任務につくため、研修につとめねばならない身分であったが、このままでは敗戦必至という私なりの判断から、勝つためには何をすべきか、ばかりを日夜考えつづけていた。むろん一大学生の力の及ぶところは知れているとはいえ、戦局を打開するために、何かすることはないかと考えていた。じっとしていられない気持ちの日々であった。神風特別攻撃隊の報道は、あらためて私に奮起をうながすものであった。

その後の詳報で最も心をうたれたのは、立教大学出身の予備学生、植村真久少尉が愛児にあてた遺書であった。新聞では、一部分がのせられていたが、ここに全文を『雲ながるる果てに』（白鷗遺族会編、一九五二年、日本出版協同）から引用する。享年二十五歳であった。

「素子　素子は私の顔を能く見て笑ひましたよ。私の腕の中で眠りもしたし、またお風呂に入つたこともありました。素子が大きくなつて私のことが知りたい時は、お前のお母さん、佳代伯母様に私のことをよくお聴きなさい。私の写真帳もお前のために家に残してあります。素子といふ名前は私がつけたのです。素直な、心の優しい、思ひやりの深い人になるやうにと思つて、お父様が考へたのです。

私は、お前が大きくなつて、立派な花嫁さんになつて、しあはせになつたのを見届けたいのですが、若しお前が私を見知らぬまゝ死んでしまつても、決して悲しんではなりません。お前が大きくなつて、父に会ひ度いときは九段へいらつしやい。そして心に深く念ずれば、必ずお父様のお顔がお前の心の中に浮びますよ。父はお前は幸福ものと思ひます。生れながらにして父に生きうつしだし、他の人々も素子ちやんを見ると真久さんに会つてゐる様な気がするとよく申されてゐた。またお前の祖父様、祖母様は、お前を唯一つの希望にしてお前を可愛がつて下さるし、お母さんも亦、御自分の全生涯をかけて只々素子の幸福をのみ念じて生き抜いて下さるのです。必ず私に萬一のことがあつても親なし児などと思つてはなりません。父は常に素子の身辺を護つてをります。優しくて人に可愛がられる人になつて下さい。

お前が大きくなつて私のことを考へ始めた時に、この便りを読んで貰ひなさい。

昭和十九年〇《ママ》月吉日

父

植村素子へ

追伸　素子が生れた時おもちやにしてゐた人形は、お父さんが頂いて自分の飛行機にお守りにして居ります。だから素子はお父さんと一緒にゐたわけです。素子が知らずにゐると困りますから教へて上げます」

ますらをの悲しきいのちつみかさねつみかさねまもる大和島根を

三井甲之氏のこの歌が、しみじみと実感させられたのであった。

戦争は私のまったく思いもよらない形で終結した。散華した人たちへの誓いも果たさず、国破れて生き恥をさらした余生もすでに五十年、その間、特攻のことは私の念頭をはなれたことがない。特攻に関する資料も、入手可能なかぎり集めてきた。そのなかで、前記の海軍戦歿飛行予備学生の手記『雲ながるる果てに』の末尾名簿に、特攻として慶大生島澄夫君の名を見いだしたときの衝撃は、今も忘れない。彼は神戸一中一年在学当時、私の左隣りの席であった。その声は今でも私の耳の底にのこっていて、いつでも私はそれを再生することができるのだ。

城山三郎氏の『一歩の距離』（一九七五年、文藝春秋）には、戦争末期の予科練で「必死必中の兵器」の搭乗員を「志願する者は一歩前に」と言われて踏み出した一歩の距離が、その若者たちにどんな重みとなってのしかかっていったかが描かれている。私は島君がその一歩をみずから踏み出したものと思っていた。だが一方では、そんなはずはないのにとも思っていた。というのは、昭和十三年三月、中学の卒業式で、校長の池田多助先生が訓示の中で、ストレートな表現で「死んでくれるな」と言われたことが身にしみていたからであった。島君も、当然それは念頭にあったはずである。

神戸一中での池田先生の教育方針は、スパルタ教育ともいわれたが、英国のパブリックスクールに範をとり、社会の指導者たるべき国士的人材を養成するという目標のもとに、地位にふさわしい道徳的精神的義務を果たすノーブレス・オブリージを重視するものであった。戦後非難されてきたいわゆるエリート教育を超えるものがあったと私は理解している。先生は、私の在学した五年間にキリスト教関係者の講演を三度聞かせてくださった。黒住教の教祖をまねかれたこともある。朝会の訓示の中で引用された聖書の言葉「人もし汝に一里ゆくことを強いなば、共に二里ゆけ」（マタイ伝）は、当時の在校生に多大の感銘をあたえ、今でもしばしば私たちの懐古談に出てくるのである。私はキリスト者ではないが、信徒であられた先生から宗教教育を受けたことを感謝している。

一年生の時、修身を担当された池田先生は「真人間になれ」と最初にいわれ、真人間とは何かを説かれるために、ギリシアの哲学者の話などをわかりやすくしてくださるとともに、忠孝一本と、忠君が愛国である所以《ゆえん》を説かれた。二学期に入ると、先生は藤田東湖の「日本正気の歌」をみずからガリ版を切ってプリントされ、暗誦を命ぜられた。「天地正大の気粋然として神州にあつまる」に始まり、「死しては忠義の鬼となり、極天皇基を護らん」で終わる長い詩の意味を、噛んでふくめるように教えてくださった。われわれの祖先が命をかけてまもってきた歴史の誇りを説かれたのである。卒業式訓示の「死んでくれるな」は、それを踏まえたものであった。

支那事変という名の宣戦布告なき戦争は、すでに二年目に入っていた。ラジオ、レコードで巷《ちまた》には多くの軍歌が氾濫していた。そのなかで最も多くうたわれていたのは「勝って来るぞと勇ましく」で始まる「露営の歌」であった。古関裕而作曲の短調のメロディが、後年の「若鷲の歌」に通じる悲壮な感情をただよわせ、たたかいにのぞむ国民の気持ちに訴えるものがあったと思われる。今にして思えば、両者とも戦争の悲劇的結末を暗示するものであったかのようだ。戦後マスコミの軍歌排撃によって、こうした歌が電波にのせられることがなくなって久しい。書店やCD店に演歌はあっても軍歌はない。グレシャムではないが、「演歌は軍歌を駆逐する」と言いたい気がする。だがこれでは戦時国民の生活感情は伝わりようがなく、理解されないまま断絶するであろう。当時のあの短調の軍歌を知らずして、当時の国民の悲しみの感情は追体験できるはずがない。「戦友」をうたわずして、明治を語るなかれ。歴史を語るとしながら、生活感情とかけはなれた言説のみが横行するのも無理はない。

「露営の歌」は、各節に必ず死を意味する言葉が出てきた。それを第一節から順次ひろい上げてみよう。「誓って故郷《くに》を出たからは　手柄たてずに死なりょうか」「馬のたてがみなでながら　明日の命を誰か知る」「夢に出てきた父上に　死んで還れとはげまされ」「思えば今日のたたかいに　あけに染まってにっこりと　笑って死んだ戦友が　天皇陛下万歳と残した声が忘らりょか」。そして「いくさする身はかねてから　棄てる覚悟でいるものをないてくれるな草の虫　東洋平和のためならば　なんの命が惜しかろう」の第五節で終わる。死ね、死ね、死のう、死のうの時代であった。今の若い人たちには、おそらく想像できないことだろうが、中学生の私にとって、死という問題はつねに意識の中にあった。それも戦場における死である。中学五年生の時、担任の河本春男先生は、何かの時に、「今日も暮れたかという生き方でなく、本当に生きるためには、死という問題を解決しなければならない」と諭された。卒業式訓示の「死んでくれるな」は、誤解をおそれていては、口にすることのできない性質の言葉であった。一死以《もっ》て君国に殉ずる日までは命を大切にせよ、という教えであると、私たち卒業生は理解した。私たちのクラスに自殺者があったことにも関連していたであろう。

明治三十五年に神戸一中の前身である神戸中学校を卒業された池田先生は、政府と統帥の関係が理想的に運営された日露戦争をまのあたりご覧になって、忠君愛国の信念をかためられたものと私は拝察する。昭和の悲劇は、愚かな指導者のため、日本が忠君愛国の志を生かすにふさわしい国家でなくなっていたことではないだろうか。昭和の戦争で君国に殉じた人たちは、理想主義に殉じたのであった。先生が説かれた忠君愛国は、理想主義的な人格教育としてであって、「悠久の大義」などという空疎な言葉をふりかざす教条主義的な忠君愛国ではなかった。今や「悠久の大義」はどこへ行ってしまったか、悠久どころか五十年たってあとかたもないのだ。だから後年戦局が変化して、予科練志願者募集強化が通達されたとき、池田校長は最後まで抵抗されたのであった。

それが最終的には強制割当てになって、後の特攻と同じく形式上の自発的志願者を何人か出さねばならなくなったときの、学校側の対応について、教師の陰湿さを、神戸一中OBの小松左京氏が『やぶれかぶれ青春記』（一九九二年、ケイブンシャ文庫）で痛烈に批判し、「くそったれ中学め」とまで言っている。だがその時の池田校長の心情をおもんぱかってか、校長の令息武彦君が、卒業一年前の四年から予科練に志願入隊してしまうのである。昭和十八年のことであった。すでにその長兄信彦氏（著者と同級）は陸軍にあって北満のまもりについていた。二児を戦地におくった乃木大将の心境にかようものが池田先生にはあったであろう。入隊する令息の写真の下に、先生は次の詩を書かれた。

一中四年生予科練応召

年十七　空に征く児の眉高し

送られて　万歳に答えて　姿尊し

黙々として敬礼す　児を捧げたる

國は召す　母とうと

空に征くと一中を捨てし

児をいとおしむ

児を遣りて　空を仰げば

秋寒し　月寒し

さいわいお二人とも戦後生還せられ、池田先生は乃木大将と同じ嘆きをもたれることはなかった。

私たちの卒業のころにくらべて、予科練強制割当てのころになると、「死んでくれるな」の教えを守ることは困難になっていた。だが現在の私には、その困難を見通されたうえで、あえて「死んでくれるな」とおっしゃったのではないかという気がする。君国のため命をささげる最後の局面にあっても、万一の可能性に託して生きる努力をしてほしいというお気持ちではなかったか。「死んでくれるな」は教訓と受け取っていた私だったが、五十年たって、これは先生の祈りのお言葉であったと思うようになった。

戦争末期の昭和二十年七月二十五日、ルソン島で戦死した同級生の清水徹君は、陸士出の大尉であった。敵の包囲で最終局面と思われるときに、部下の小隊長が「もうこれまでです。突撃して玉砕しましょう」と言うのを、「早まるな」とおさえ、事なきを得た。帰還した小隊長が、今日あるは清水大尉のおかげです、と令姉の卜部照子さんに感謝したという。この話を教えてくださった卜部さんは、「弟は最後に池田校長の教えを守ったのです」と言われた。

さきに同級の島澄夫君が特攻を志願したことに疑問をもったことを記したのは、そういう背景からであった。憂国の志やみがたしとはいえ、あえて池田先生の教えにそむいてみずから志願したのか、それとも命令されて出ていったのかという疑問は、後に一九八八年(昭和六十三年)七月、私が中学卒業五十周年記念文集『くすの木の下で』を私家版として刊行したとき、解答が与えられた。島君の遺書を収録するにあたって、一級下の同窓生で島君と同じ宇佐空の特攻隊員であった早大出身の辻井弘氏が、この文集のために彼のことを書いてくださった。それによって彼が辻井氏と同じく、命令されて特攻隊員になったことを知ったのである。彼は池田先生の教えにそむいていなかったのだ。

島君の遺書には「日本男児の本懐」に始まり、両親への感謝と、孝養をつくせない無念の思いとともに、「考へ様によれば、これ以上幸福者はなき事と信じます」「神州は不滅なり」、また弟たちに靖国の社で「待ってゐるぞ」と書かれている。

島澄夫少尉は昭和二十年四月五日宇佐空を出発し、第二国分基地から四月十六日出撃してかえらず、海軍大尉に特進となった。辻井氏の手記には、宇佐空をたつときの様子が次のように描かれている。

「四月五日島少尉の発進直前に私は翼の上へ上り、『島、死なずに帰ってこいよ』と呼びかけたところ、『いやもうあかん』と操縦桿を握ったまま首をうなだれ、ハラハラと落涙した姿が、四十数年たった今でも私のまぶたに焼きついているのです」

島君の遺書と、辻井氏の手記と、どちらが本当かというのは愚問であろう。私はどちらも真実だと思う。辻井氏の手記は見たとおりの事実である。島君は命令されたとはいえ、爆装機を駆って敵艦船に突入するためには、神州不滅を信じ、短い一生を幸福と思いこまねばならなかったのではないか。

彼は出撃してまもなくエンジン不調のため引き返し、整備を待った。整備兵たちはわざと手を抜き、修理に時間をかけようとした。だが島君は早く早くとせきたてて、再び飛びたったまま還ってこなかった。ところがその翌日から、宇佐空は国分からの出撃をとりやめているのである。運命とはこういうものか。修理をいそがせた島君の気持ちを思うと、私はいつも目頭があつくなるのだ。

死神にとりつかれたというか、死の方向へぐいぐいと引っぱってゆこうとする、見えない何ものかの力にさからえなかったのだろうかと、思ったりしたこともある。だが今ではこの時の彼の姿に、平家物語一の谷の平敦盛の姿がオーバーラップされてくるのだ。熊谷直実の呼ぶ声にふりむき、浜辺へ引き返す敦盛に、生還の期待は皆無であっただろう。だがあえて討たれるためにもどったのは、武門の名誉を守って、死にざまをかざる彼の美学だったのではないだろうか。島君に世間ずれした中年の分別があったら、修理をせかしたりせず、なりゆきにまかせていたかもしれない。彼もまた敦盛とともに若く、ともにいさぎよい死にいそぎをしてしまった。今の日本はこういう死にざまに否定的な評価しか与えない世の中になってしまったが、国の衰亡するときはそういうものだろう。敗戦の屈辱を噛みしめていたころ、私は平家物語をくりかえし読んでいた。島君の死や敦盛の死が、しみじみと思いかえされる時代はくるのだろうか。

憂国の思いもだしがたく、志願して特攻出撃する若人たちが輩出したことは、帝国陸海軍最大の栄光として、万世に記憶さるべきことであると私は信じていた。そういう賞讃の言葉は、戦中のみならず、今も多い。たとえば元回天特攻作戦担当参謀であった旧海軍中佐鳥巣建之助氏は、命令書を作成していた立場から次のように書く。

「太平洋戦争は、古今東西の戦争史のなかでも、空前そしておそらく絶後であろう二つの重大事件を経験した。しかもこの両者は、ともに戦争終結に大きな影響をおよぼし、予想外の幸運な終戦を招来する要因になったことは明白である。

この二つが原爆と特攻であったことは言うまでもあるまい。

しかし原爆も特攻もともに悲惨であり、非道とさえ見られ、戦争史における評価は決して適正ではないと思われてならない」

そして米内光政海相の「言葉は不適当かと思うが、原子爆弾やソ連の参戦は、ある意味では天佑だ」の言葉を引用して、「まさに天佑神助ともいうべき終戦によって日本は救われたのである」と言う。さらに数学者岡潔氏の次の言葉を「叡知の言葉」として引用する。

「日本の長所の一つは、時勢に合わない話ですが『神風』のごとく死ねることだと思います。あれができる民族でなければ、世界の滅亡を防ぎとめることはできないとまで思うのです。あれは小我を去ればできる、小我を自分だと思っている限り、決してできない。『神風』で死んだ若人たちの全部とは申しませんが、死を見ること帰するがごとくという死に方で死んだと思います」(『太平洋戦争終戦の研究』一九九三年、文藝春秋)

だが特攻が命令でなされたとなると、すべてが裏返しになってしまう。オリンピックの優勝者がドーピングで名誉を剥奪されるどころではない。帝国陸海軍の行為は、人間の尊厳を冒瀆する犯罪だったということになるのだ。明治建軍以来の最大の栄光は、同時に最大の汚点であった。

第二章　特攻は志願か命令か

草柳大蔵氏は『特攻の思想』（一九七二年、文藝春秋）の中で次のように書く。

「『特攻』の参加は命令ではなく志願という形がとられたが、これも特徴的なことである。命令には命令者の責任が伴う。統率の本筋と合致した行為である。しかし、志願には命令者は存在しない。したがって、責任の所在がはっきりしない。もし、責任が問われるとすれば、それは大西中将のようにみずからの心情にすべての責任を負うしかないのである」

このように今もまことしやかに特攻が志願であったと主張されているが、そのことに私が疑問をもちはじめたきっかけは、一九五三年（昭和二十八年）に封切られた映画「雲ながるる果てに」を観たことであった。終わり近く、「俺たちは死ななきゃ文句がいえないのだ」という出撃隊長の絶叫の意味がわかりかねたのである。その後多くの資料から、海軍特攻隊は「生みの親」――この語は自己矛盾だ。殺すために生む親はない――といわれる大西瀧治郎中将が創設したものでなく、実は海軍が組織的に計画していたものであること、陸軍は後述するように、海軍よりもむしろ早くから特攻を立案計画し、より陰湿な形で特攻命令を出していたことを知った。

森本忠夫氏の『特攻』（一九九二年、文藝春秋）によれば、すでに昭和十八年八月十一日海軍軍令部と海軍省の「第三段作戦に応ずる戦闘方針」討議の席上、軍令部第二部長黒島亀人大佐が「必死必殺戦法ト相俟ッテ不敗戦備ヲ確立スルヲ主要目途トスル」と発言している。彼は戦争初期に山本五十六大将の下で連合艦隊首席参謀をしていたころから、「モーターボートに爆薬を装備して敵艦に撃突させる方法はないだろうか」と軍令部の幕僚に口走っていたという。「必死必殺」とはこの後もつねに用いられる言葉になったが、私はその虚構に憤懣を禁じ得ない。必死にはちがいないが必殺とはかぎらず、必殺の可能性は減ってゆく一方だったからだ。

昭和十九年四月に軍令部が海軍省に対して緊急実験を要望した新兵器九件のうちの三件「海龍」「震洋」「回天」はいずれも特攻兵器であった。同年九月十三日には海軍省内に海軍特攻部が発足し、水上、水中特攻が組織的に計画されていった。のちに沖縄特攻作戦に投入され、悲惨な運命をたどるロケット式人間爆弾「桜花」の設計開始が同年八月で、九月には量産に入っている。命令されたとはいえ、こういう自殺兵器を設計製作した科学者たちは、どんな人間だったのだろう。

大西中将が新任の一航艦（第一航空艦隊）司令長官としてマニラに着いたのは、昭和十九年十月十七日であった。そして十九日に一航艦参謀猪口力平中佐が神風特別攻撃隊の名称を発案し、大西中将の承認を得たという猪口の戦後回想（猪口力平・中島正『神風特別攻撃隊の記録』一九八四年、雪華社）に反論して、柳田邦男氏は、大西中将が九日に東京を発ったあと、十三日に軍令部の源田実中佐が起草した一航艦司令長官宛電報起案の中に「神風攻撃隊」「敷島隊」「朝日隊」の名称があることを指摘し、大西中将が開始した「特攻作戦は海軍部の事前の了承があったということであり、しかも、かなり細かいところまで打ち合わせ済みだった」と結論している（『零戦燃ゆ』一九八五年、文藝春秋）。

つまり大西中将は特攻作戦の命令者、推進者、責任者として、黒幕の海軍という組織の意向をおおいかくす役割を演じたわけである。ロボットだったという人もあるが、後述するように、彼はみずからの意志をもたぬロボットでは断じてなかった。象徴的立場にあって、何かにつけて矢面に立たされたといえよう。死ぬ時も彼ひとりだけが自決した。しかし彼自身は自分の役割が、後述するように、性格的にもあまりに適役であったため、それにのめりこみ、役者が劇中人物になりきってしまうように、意識して悲劇的英雄らしく振る舞いつつ、みずからも悲劇的英雄になったつもりで死んでゆくのである。演技は成功し、森本忠夫氏すらも彼を「悲劇の提督」とか「余りにも不吉な運命の星に導かれた一人の日本人」とまで書くのである（前掲書）。特攻命令によって多くの悲劇をつくりだした者は、みずからの生涯が悲劇的でないと恰好がつかないわけだ。

森本氏は名著『特攻』の扉に、二人の言葉を、となり合わせにかかげている。

「もし、貴様が生き残ったら、戦闘機が爆弾を抱えて体当たりしなければならなかった事実を、きっと後世に伝えてくれ」（陸軍特別攻撃隊「八紘隊」馬場駿吉少尉）
「棺を蓋うて定まる、とか、百年の後に知己を得る、というが、己のやったことは、棺を蓋うても定まらず、百年の後にも知己を得ないかも知れんな」（大西瀧治郎中将）
ここには命令する者とされる者の態度の違いがはっきりと出ている。言いたくても言えない思いを、歴史の重みとして、後世に「事実」を伝えてほしいという願いと、英雄気取りの人物の倭小さとが対照的だ。馬場少尉は昭和十九年十一月二十七日、一式戦でレイテ湾に出撃散華された。
大西の言葉は昭和二十年三月なかば、児玉誉士夫からもらっていた空気銃をもって、小崗山で鳥射ちをしているとき、副官の門司親徳大尉にもらしたものといわれる。森本氏は「悲劇の提督」が、百年の名を残すべき悲劇の英雄であったと錯覚していられるかのようだ。だが錯覚は森本氏だけではない。草柳大蔵氏は取材の際に、門司氏からこの語を「わが声価は、棺を覆うて定まらず。百年ののち、知己またなからん」と聞いた。
「この言葉を耳にしたとき、私は男の心情の軋《きし》みを聞く思いがした。大西中将は〝暴将〟といわれたことにひと言も弁明せず、特攻の創始者という汚名を一身に引受けて、黙って死んでいったのだ。彼は、五尺何寸かの身体の中に、憾みと涙と怒りをいっぱい溜めて、地下に眠っている。しかし、それでは困るのである」（前掲書）

とパセティックな表現で、英雄の悲劇性が語られるが、草柳氏自身が「大西中将の評価については、高木惣吉元海軍少将の〝愚将論〟をはじめ、〝暴将〟であるとか、『要するに前線の司令官』であるとか、かならずしも高くはない」と書いた一般の評価をくつがえすに足りるものではない。だから彼は「私は大西を弁護しようとは思わない。いや、弁護しようにも、彼はまったく弁明の材料を残してゆかないのだから、手がかりがないのである」と書く（前掲書）。そう言いながら、大西にかわって彼の弁明をこころみ、名誉回復をはかろうとする。それが『特攻の思想』一巻であった。

だが森本、草柳両氏が感銘を受けたと思われる右の名言をよく読み返していただきたい。悲劇の英雄という観念を受け入れる両氏の感受性、心のアンテナに訴え、すんなりと受け入れられたものが何であったか、考えていただきたい。百年の後にもわかってもらえないかもしれない、というのは、大義の名の下に蛮勇をふるって若者たちを殺戮していった男が、それでいて、知る人ぞ知る、誰かに認めてほしいという、甘えの表現にすぎないのである。預言者は世にいれられず、あまりに偉大な人物は世人の理解を絶するものだ。志願の美名に隠れてしまって、誰も口には出さないが、自分がうらまれ、憎まれ、おそれられていることを、誰よりもよく知っていて、それを顔色に出すことはならぬ。国家のため大功をたてながら百年の後までうらまれ、憎まれるかもしれないというおそれ、孤独の悲哀、英雄の心の奥底は誰にもわかってもらえない。この時大西は王者の孤独を味わっていた。

海軍中将の階級をはるかにこえた、若者の生殺与奪の権力を手中に入れた魔王的存在であった。悲しみにひたりつつ、自分が悲しみにひたっていると自覚することに満足していた。悲しみにひたる権力を自覚することに満足していた。つまり彼はナルシシスト、自己愛者であったということだ。名言として多く引用される「棺を蓋うて云々」は、問うにおちず語るにおちた、彼のナルシシズムの告白であった。

思うてもみよ、命令された若者たちが、体当たりの一瞬にすべての人生を燃焼させようとしていたとき、命令者の大西は百年後の自分の名声を気にして、心をいためていたのだ。何が男の心情のきしみか。何という甘ったれのナルシシストか。

私は若いころ読んだアナトール・フランスの小説『白き石の上にて』を思い出す。神戸の震災で全集を失い、当地図書館も駄目なため、正確な引用ができないが、記憶している内容は次のようなものであった。

退屈をもてあます日々であったローマ帝国のユダヤ総督ピラトの前に、ある日、一人の男が大勢のユダヤ人に連れてこられ、裁きの場である白き石の上に立った。ピラトは告訴がねたみによることを知っていて、彼を有罪にする根拠を認めなかったが、処刑を要求する群衆がうるさく、あえてそれにさからうのが億劫であったのと、何よりも休息の時間を失いたくなかったので、そうそうに有罪判決を下し、部屋にひっこんでしまった。彼はその白き石の上に立った男が、その後の二千年世界精神を導き、世界史を動かすことになる人物であることを、知るよしもなかった。

大西ピラトの前を通りすぎていった多くの若者たちの中に、どのような大人物がいたことであろうか。遺書などからその片鱗をうかがい知るたびに、惜しまれてならない。百年後の名声を心配する大西の鈍感さは、アナトール・フランスの描いたピラトの鈍感さに通じるものであろう。当時消耗品とあからさまにいわれていた予備学生たちは、中将閣下の眼からは、ものの数ではなかった。

大西の殺戮の対象は、いまだ無名に近い人たちばかりであったが、すでに俊秀のほまれ高い人物を殺戮していったのは、安政の大獄の井伊直弼であった。独裁的権力をふりかざす殺戮者は、同じような感懐をもち、同じような言葉を口にするものらしい。安政六年（一八五九年）大獄のさなかに、彼は次の歌を詠んでいる。

春浅み野中の清水氷《つらら》ゐて底の心を汲む人ぞなき

（井伊直弼朝臣顕彰会編『井伊大老』一九四〇年）

ああ何というさびしい歌であろうか、と私はこの歌に続けて、中学五年の時、校友会の雑誌に書いた。草柳氏の「男の心情のきしみ」は、少しハイレベルの表現ではあるが、五十歩百歩といったところだろう。

ちなみに「人の評価は棺を覆うて定まる」という成語を戦中に用いた軍人には先蹤があった。昭和十七年九月二十五日、時の総理大臣東條英機陸軍大将は、戦時下の第一回修業年限短縮で、半年早められた東京帝国大学卒業式に臨席して演説した。この時、私は医学部一年次学生であったので、直接きいたものでなく、日刊新聞と帝大新聞で内容を知ったのだが、彼はまず「棺を覆うて云々」とやった。長い目で見よという教えのつもりであったらしい。「棺」のあとで、彼は言ってのけた。

「諸子は戦時特例でくり上げ卒業することになった。修業年限の短縮は甚だ残念であろうが、卒業してからの努力しだいで何とでもなるものだ。実は自分も日露戦争で士官学校をくり上げ卒業ということになった者である。ところが今ここに、こうして総理大臣として諸子の前に立っているではないか」

国家存亡のたたかいのさなかに、個人的な出世譚をひけらかす首相の言葉に、私はおどろくとともに、東條をたおさないかぎり、戦争の前途は絶望であるという感を、より強くしたものであった。首相を首相であるがゆえに軽蔑する学生はいても、尊敬する者はいないところへやってきて、よくも見当違いの発言をしたものだと思った。この時、失笑がもれたというが当然だろう。

昭和十九年十月二十六日、大西中将は比島クラーク地区で、百五十人のパイロットを前にして、次のように宣言した。

「全部隊を特別攻撃隊に指定する。これに反対するものは、おれが叩っ斬る。これ以上、批評はゆるさん。おわり」（草柳、前掲書）

軍法会議にもかけずに叩き斬るとは違法もはなはだしいが、かかる脅迫的言辞を用いなければ特攻命令を出せなかったとすれば、軍紀の弛緩頽廃も極まれりといえよう。指揮官がすらりと軍刀を抜いて号令をかけるのは、反対する者は斬るという意思表示というが、むろん形式的象徴的なものである。あからさまに言葉に出した命令は、世界でも珍しいものではないか。草柳氏によれば、

「副官の門司大尉が、びっくりして、大西長官の顔を見た。二航艦のパイロットの間に、あきらかに動揺の色が流れた。『戦局はそこまで来ているのか』という衝撃もあったろうし、『ほかに方法があろうに』という不満もあった」（前掲書）

とある。当然のことだ。しかし生殺与奪の権をにぎってしまった（ふりをする）長官のおどしに、あえて反論する者はなく、全員特攻が始まるのである。

生出《おいで》寿《ひさし》氏の『特攻長官大西瀧治郎』（一九八四年、徳間書店）によれば、その前夜、大西はクラーク地区の飛行隊長以上を士官室に集めた。

「大西は、薄暗い電灯の下で、立ったままの士官三、四十名の中心に立ち、おそろしい顔付でつぎのような意味のことを話した。

『本日、第一航空艦隊と第二航空艦隊は合体して、連合基地航空部隊が編成された。長官

は福留長官、私は参謀長として長官をたすける。各隊とも、協力するよう。知ってのとおり、本日神風特別攻撃隊が体当たりを決行し、大きな戦果をあげた。私は、日本が勝つ道はこれ以外にないと信ずるので、今後も特攻隊をつづける。このことに批判は許さない。反対する者はたたき斬《き》る』」

そして門司親徳中尉の『空と海の涯で』（一九七八年、毎日新聞社）から次の文章を引用している。

「みんなシンとして、一言を発する人もいなかった。その時、私の感じたことは、長官の悲痛な言葉が、聞いている指揮官たちには、渾然《こんぜん》として沁《し》みこんでいないことである。二〇一空の時には、純一な感じであった。しかし、今は、体当たりをせざるを得ないつきつめた雰囲気は湧《わ》き出ずに、むしろ、

『反対するものはたたき斬る』

という烈《はげ》しい言葉だけが指揮官たちの胸にこたえているように思われた。それは、フィリピンに進出してきたばかりの二航艦の指揮官が多かったせいかも知れない。戦場の雰囲気の感じ方に少しズレがあったようである。士官室の中に、私は違和感を感じた。

並んでいる指揮官の真ん中あたりに、岡島少佐がいた。『瑞鶴《ずいかく》』の時の戦闘機分隊長は少佐になって、二〇三空の飛行長であった。向こうっ気の強い岡島少佐の顔は、明らかに長官の言葉に反撥《はんぱつ》している顔つきであった。私はその顔を見て、何か心臓の痛む思いがした」

草柳氏の著書と生出氏のものとに、多少の違いはあるが、大西が「叩っ斬る」と言ったのは事実のようである。彼が暴将といわれる所以《ゆえん》だ。狂暴といってもいいだろう。この時反対する者がいたら、狂刃をふるっていたかもしれない。俗に「気狂いに刃物」というから、誰も反対できなかったのではないか。「おそろしい顔付」で眼も吊り上がっていたのだろう。後述するが、桶谷秀昭氏が「狂気にいたるばかりの」と表現する根拠の一つかもしれない。およそ人に将たるの器ではないと思われるのだが、草柳氏は『特攻の思想』で彼を大器にまつりあげるのである。

これより先、十月二十日、出撃待機中の特攻隊員二十四名に対する訓示で、大西は、「皆はすでに神である。神であるから欲望はないであろう。が、もしあるとすれば、それは自分の体当りが無駄ではなかったかどうか、それを知りたいことであろう。しかし皆は永い眠りにつくのであるから、残念ながら知ることもできないし、知らせることもできない。だが、自分はこれを見とどけて、必ず上聞に達するようにするから、安心していってくれ」（猪口、中島、前掲書）

と言った。猪口氏はこれに続けて、

「私はこれほど深刻な訓示を知らない。これは青年の自負心をあおる言葉でも、それに媚びる言葉でもなかった」

と書く。

だが私はこれほど残酷な訓示を知らない。これほどまでに生身の人間に対して、人格の尊厳をけがす言葉があるだろうか。神を知らぬ者、神をおそれぬ者の言辞である。もし彼が本当に神を信ずる者だったら、いかなる神にせよ、その神あるいは神々の前にひれ伏して、拝みまつるべきであったろう。しかるに彼は、彼のいう神々を前にして、傲然と訓示を垂れたのである。大きな嘘はかえって本当らしく聞こえるというのは、ナチス・ドイツのゲッベルス宣伝相の信念であったというが、虚言もここまでくれば、一世一代の名文句として、五十年後の今日まで、語りつがれてきたわけか。だが『雲ながるる果てに』（前掲書および映画）には、

特攻隊神よ神よとおだてられ

という辞世の句が収録されているのである。

この時の訓示のはじめに、

「日本はまさに危機である。しかもこの危機を救いうるものは、大臣でも、大将でも、軍令部総長でもない、もちろん、自分のような長官でもない。それは諸子のごとき純真にして気力に満ちた若い人々のみである。したがって、自分は一億国民にかわって皆にお願いする、どうか成功を祈る」（猪口、中島、前掲書）

という言葉があった。まともに考えれば、大臣、大将、軍令部総長らの無能無為無策が招来した危機が、「純真にして気力に満ちた若い人々」で救われるはずのないことは、誰

でもわかることだ。まったくの観念論である。大局の大失敗が末端の個人の「純真」「気力」でとりかえされるものではない。これだけの嘘が言えるのはデマゴーグとしても大したものだ。大西のカリスマ性がこうして全員特攻を引きずってゆくのだが、五十年後の今日でも、特攻を語る人の多くが、彼のカリスマ性の毒気にあてられているのはいただけない。

もし大西が嘘をついているのでなかったら、大臣、大将、軍令部総長に責任をとらせ、馘《くび》にしてから、若者にどうかお願いしますと言うべきだった。責任者をそのままにして、若い者をおだてるのは本末転倒である。むろん大西にそんな権限のないことは百も承知だが、空想をひろげてゆくなら、首脳部をみな馘にして、「純真にして気力に満ちた若い人々」にすげかえてしまったらよかった。荒唐無稽な話だが、具体的に私の知っている人の名をあげるなら、予備学生として回天搭乗員となっていた神津直次氏（後出）、上山春平氏、あるいは大学を出て海軍航空隊にいた森本忠夫氏らが、この時戦争指導にあたっていたら、同じ敗けるにしても、もっと合理的な敗け方をして、犠牲をへらすことができただろうと、私は本気で思っているのだ。口先でおだてていても、大西はそこまで若者を信用もせず、まして尊敬もしていなかった。だから神だといって殺せたのである。

それにしても自覚してか、しないでか、おのれのカリスマ性を活用し、「若い人々」の感性に訴えて、まるで危機が救いうるものであるかのような幻想をいだかせ、特攻へかりたてた大西の罪は深い。彼が本気で特攻によって日本の危機が救えると思っていたとすれば、情勢判断の誤りであろうし、思っていないでそう言ったのなら詐欺だ。実際は彼も特攻作戦で、はじめは「勝機をつかむ」つもりでいたらしいが、特攻作戦を続けてゆくうちに「勝たないまでも負けない」となり、最後に「万一、負けたとしても、特攻が出たことの精神的意義において、国は滅びない」と、三段階に変化したという（草柳、前掲書）。まるで三百代言だ。特攻命令者がこのように、情勢に流されて、信念をくるくる変えていいものだろうか。情勢が変わって対策を変えてゆくならまだしも、情勢がいかに変わって深刻になろうと、対策は馬鹿の一つ覚えを守るばかり。口実だけを変えていった無能司令官の典型だ。そしてついに戦局を挽回することなく、政府と軍の首脳部が代わることによって、終戦にいたるのである。

特攻作戦実施のリーダーが稀代の扇動家であったことは、若い人たちにとって不幸であった。皆が皆、大西中将の言葉をそのまま信じたわけではないだろう。しかし戦局の悪化をまのあたりにして、一命を君国にささげる情熱のはけ口として「特攻志願」という道が示されたとき、ふるい立って志願した若人たちのいたことは、まぎれもない事実である。だがためらいつつも志願してしまった人びとにとって、大西中将の訓示ははずみになったのかもしれない。いったん志願しても、あとでしまったと思い、とりかえしのつかないことと悩んだ人もいると聞く。海兵五十八期の奥宮正武氏は『海軍特別攻撃隊』（一九七六年、朝日ソノラマ）の中で、そういう場合の海軍当局の処置について、「特攻への参加を希望しないことを正式に申し出たものに対しては、それを強制することをせず、彼らを特攻隊員の名簿から削除していた」と書くが、よくもこんなしらじらしいことがいえたものだ。九牛の一毛として、そういう事例があったとしても、どういう情況であり得たのか、実例をあげなければ信用はできない。名簿から削除された者が、叩っ斬られたのか、叩っ斬られなかったのか、その後どんな仕打ちを受けたのか、それを伏せておいて、偽善的なきれいごとだけですまされるものではない。海軍では一度こういう情況にはまりこんだ者は、死神にとりつかれたかのように、徹底して生きのびることが許されなかった。その残忍さ、陰湿さは生出氏や森本氏の著書にも示されており、あとで私も引用させていただく。

辻井弘氏の談話によると、昭和二十年の宇佐空では、隊長とうっかり視線があったり、注目されるようなことがあると、早速特攻出撃命令が出るので、なるべく顔を合わせないよう苦心した。成績のいい者、反対にひどく悪い者がねらわれるので、良からず悪からずという加減が苦労だったという。

神津正次氏の『人間魚雷回天』（一九八九年、図書出版社）によると、学徒出陣で海軍に入り、対潜学校で教育を受けていたとき「特に危険な兵器」の乗員が募集され、ほとんど全員が志願した。ところが行ってみると、危険どころか必死の人間魚雷回天であったという。

高木俊朗氏の『陸軍特別攻撃隊』（一九七五年、文藝春秋）には次のような事実が示されている。

昭和十九年十月二十二日各務ヶ原飛行場で岩本益臣大尉が九九式双軽をもらえることになってよろこぶ若い下士官たちに訓示した。

「われわれは、フィリピンの激戦場に行くのであるから、生還を期さない覚悟であるのはいうまでもない。とくにいっておきたいのは、われわれは特殊任務につくということである。これについては、改めて教えるが、なお一層、必死必殺の決心を固めてもらいたい」

「特殊任務とは、なんだろう」

といぶかる隊員に、事情を知った隊員が、

「体当たりだよ」

と教え、聞いたほうは顔色を変えた。

また体当たりを知って動揺した下士官たちは、

「なぜ、出発の前にいわなかったのか。出発させてからいうのは、だまし討ちと同じだ」

と憤慨した。陸軍の特攻は当初から陰湿な方法をとっていたのである。

高木氏のこの書によれば、陸軍では実に昭和十九年七月二十五日航空本部長菅原道大中将の決裁で特攻機の製造が開始されている。九九式双発軽爆撃機の機首に三メートルの金属管三本が突き出していて、先端が何かにふれると爆弾は弾倉の中で爆発する構造になっている。その「起爆管が機体についている限り、爆弾は、操縦者の意志ではおとすことはできなくなっている」「爆弾は機体に固着したままである」という体当たり専用機なのだ。

さらにさかのぼれば、昭和十八年の秋第三陸軍航空技術研究所（三航研）の主催で、東京帝大工学部建築学科の浜田稔教授はじめ各帝大教授ら「日本中の爆撃研究の権威といわれる学者たち」を集めた戦技研究会が、二日間にわたって東京都下の秋留鉱泉で開かれた。会議の中心問題となったのは「体当り攻撃の効果を計算し推奨したもの」で、その研究者は三航研の技術将校加藤孝中尉であった。

これをきいた福島尚道航技大尉は「黙視してはいられないものを感じた」という。彼は鉾田の軽爆の実施学校の教官であった。反対論を理論的にまとめた報告書を、校長の藤塚止戈雄中将に提出し、中将はそれを航空本部に送るよう命じた。まもなく三航研正木博少将の名で公文書が送られてきた。その内容は東大浜田教授の理論を根拠として、体当たり攻撃を有効とする反論であった。これに対し、福島大尉は理論的に批判を加え、藤塚校長の指示で、航空本部と三航研に公文書として提出した。また三航研から反論がきて、「公文書の論争は、三度くりかえされた」という。

藤塚校長は三航研の反論について「三航研は、今度は、精神論できた。崇高な精神力は、科学を超越して、奇跡をあらわすようなことを言っている。精神主義はいいが、技術研究所で精神論をいいだすのは、とんでもないことじゃないか」と言った。福島大尉は「つまりは、効果のある爆弾ができないから、体当りをやるよりしかたがないといっているんでしょう」と言い、藤塚校長は「体当りは、崇高な犠牲などといっても、つまりは上層部の責任のがれの戦法ということになる。全くふつごうな話だ。大いにたたいてやれ」と答えた（高木、前掲書）。

だがこの正論は通らなかった。昭和十九年八月二日、のちに万朶《ばんだ》隊長となる岩本大尉が四日前に行った沖縄から、鉾田に帰ってきた。彼は福島大尉に、途中立ち寄った立川で、体当たり用の九九双軽が、航空本部の命令で作られているのを、その目で見てきたことを話した。福島はこの時「自分の努力が裏切られたことを、はっきりと感じた」のだった（高木、前掲書）。

昭和十九年十一月十二日、九九双軽改造の万朶隊はレイテに突入し、翌十三日、六七重爆を改造した富嶽隊はルソン東方海面で散華した。隊員はすべて志願という建て前の命令であって、なかには自分の乗機が体当たり用に改造されているのを見て、はじめて自分が特攻隊員であることを知った人もいた。命令を伝える文章には「必殺攻撃を敢行すべし」と書かれているのみで、「どこにも〝体当り攻撃〟の文字は使われていなかった。これは、陸海軍の特別攻撃隊の命令に、最初から最後まで変らなかったことである」。

「軍の命令は、すべて、天皇陛下のご意思である。命令に体当り攻撃の文字を使えば、天皇陛下が、それを命ぜられたことになる。命令にその文字を使わなかったのは、どこまでも、体当り攻撃は天皇陛下のご意思ではなかったことにするためである。

これは、体当り攻撃部隊の編成を計画した大本営の当事者自身が、体当り攻撃は非道の方法であって、天皇陛下が命令されてはならないことだと自覚していたからである。あくまで、天皇陛下の神聖をおかすのを、恐れなければならなかった」（高木、前掲書）
ここでむかしのことをご存じない方のために付言しておく。明治十五年発布の軍人勅諭の中に「下級のものは上官の命を承ること実は直に朕が命を承る義なりと心得よ」とあった。これが日本軍の中に多くの不合理、不条理、そして悲劇と罪悪を生んだのである。
高木氏によれば、特攻隊における陸軍と海軍の違いは、陸軍では早くから特攻のために飛行機を準備、改装していたのに対し、海軍は第一線の飛行機をそのまま使ったこと、部隊編成も陸軍の万朶、富嶽両隊はあらかじめ準備され編成されていたが、海軍の神風特攻隊は「応急の処置であり、即決の出撃であった」という（前掲書）。しかしその海軍にしても、計画は早くからなされていた。ただ陸軍のほうが、より周到であったといえる。それにしても軍の命令とはいえ、生きながら人を棺桶にとじこめるような兵器を設計製作する科学者がいたことは恐ろしい。生き残った堂本吉春氏は、神ノ池基地ではじめて人間爆弾「桜花」を見たとき、「これがわしの棺桶か」と思ったと語っている（御田重宝『特攻』一九八八年、講談社）。同胞を殺す兵器を作るような科学者が、外地へ出れば石井七三一部隊などをつくるのではないか。
陸軍特攻機の製作をはじめて命令した前記の菅原道大中将は当時航空総監と航空本部長を兼任する陸軍航空の最高責任者であった。陸海全軍特攻となった沖縄作戦では第六航空軍の司令官であった。司令部は福岡にあった。終戦時の彼のことを、デニス・ウォーナー、ペギー・ウォーナーの『神風』（一九八二年、時事通信社）は次のように書く。

「宇垣提督が特攻出撃したというニュースは、第六航空軍のあいだにたちまちひろがった。六航軍司令官の菅原道大中将は沖縄作戦中、最後の特攻機で自分も出撃するつもりだとの約束を繰り返しながら、陸軍特攻機一六七三機を送り出していた。最後の出撃により死ぬ機会をあたえてほしいと要求する若い空中勤務者につつかれて、高級参謀の鈴木京大佐は重爆一機を用意するように命じた。それから彼は菅原軍司令官の部屋にいった。軍司令官は参謀長の川島虎之助少将と話していた。鈴木が菅原中将に『一機用意いたしました。鈴木もおともします』と言った。

この申し出に、明らかにショックを受けた菅原は低い声で、たとえ宇垣が死ぬことにきめたとしても、自分にとってはこれからの後始末が大事だと答えて、『死ぬばかりが責任を果たすことにならない。それよりは後の始末をするほうがよい』と語った」

陸軍航空技術審査部にいて、大本営の命により、体当たり機を作っていた水谷栄三郎大佐は、八月十五日深夜、拳銃自殺した。高木氏の前掲書によれば、彼は特攻作戦計画に疑問をもちながら、特攻用改装機を作ることに苦悩していたという。

これに反し生き残った菅原中将は、一九五四年（昭和二十九年）、高木氏の取材に際して、「富嶽、万朶などの部隊名は、現地部隊が勝手につけて威勢よく出撃させたものだ」

「戦地部隊長の独断として特攻せしむることを黙認した形式をとった」「陸軍特攻は最後まで志願採用の形式で推移す」「特攻計画の決裁は当然、当時航空総監たりし老生」と答えた。

これに疑問をもった高木氏が、一九六一年（昭和三十六年）、著書の映画化に際して、再び菅原氏の意見をきいている。その書簡に「特攻は志願か、強制かがよく問題視されますが、あくまで志願であります」「極力、志願を根本としたことは、編成の面、陛下への上奏などにも明らかであります」と上奏まで盾にとって、志願を強調した。そのうえ「特攻勇士の英霊を冒瀆することなきを切願いたします」「ラブシーンもまた必要でありましょうが、ほどほどに願いたいものであります」と注文をつけ、できれば「新作品の原稿を一覧」したいといっている（高木氏、前掲書）。

個人相手には尊大な菅原元中将も、出版社をバックのジャーナリストには手のひらをかえした態度をとる。右と同じ年、「週刊文春」の記者が取材に訪れたときの記事を引用して高木氏は次のように書いている。

「《現在、当時の陸軍特攻隊の司令官・菅原道大元中将は埼玉県飯能市の町はずれに、細々と養鶏に精出しつつ余生を送っている。訪れて特攻隊の話を聞けば、すぐ眼をしょぼしょぼさせ泣き出しそうな表情になる。

『特攻隊で飛んだ人たちのことを悪くいわないで下さい。あの青年たちは誰も彼もが立派だった。神々しくすらあった』

そして、いきなり板の間に両の手をつくと、七十歳を越えたと思われる老人は、そこにひれ伏した。

『悪いのは大本営の高級将校とか私たちなのです。私たちは何といわれてもいい。犬畜生とののしられても決してうらみません……だが、青年たちのことは……』

語尾は、涙にくもって声にならなかった。思えば、命ぜられて特攻隊司令官となったこの老人も、また悲劇の人であった》」

私はこれを読んで意外に思った。戦後も将軍らしい尊大な言動を失わなかった菅原元中将が《泣き出しそうな表情》になったり、まして《板の間に両の手をつく》などとは思いも及ばなかった。というのは、前に引用した菅原元中将の書面の《断じて承認し得ない》とか《英霊を冒瀆することなきを切願》といった高圧的な態度とは、全く違っているからである。しかも、どちらも同じ年のことである。

特攻の第一隊からの編成を命じ、沖縄特攻戦の最後の隊までの指揮をした菅原中将が、果して《悲劇の人》であり得るだろうか」（前掲書）

ああまたしても「悲劇」か、という詠嘆は、私だけのものではあるまい。「特攻の悲劇をつくり出した命令者は悲劇の人物でなければならない」という特攻関係ジャーナリズムの鉄則があるようだ。

第三章　統率の外道

大西中将が特攻開始の当初から、特攻戦術を「統率の外道」と称していたことは、周知のことである。ここに一例として、生出氏の前掲書から引用する。

「十月三十日、海相米内光政大将は、参内して、天皇に神風特別攻撃隊の戦果を報告した。天皇は、

『それほどまでのことをせねばならなかったか。しかしよくやった』

という意味のことを述べたという。

『それほどまでのことをせねばならなかった』ということについて、大西は猪口に、

『こんなことをせねばならないというのは、日本の作戦指導がいかにまずいか、ということを示しているんだよ。

なあ、こりゃあね、統率の外道だよ』と語った」

外道とは、辞書には「①仏教以外の教え。また、その教えを奉ずる者。②真理にそむく説。邪説。また、それを説く者。……」(『広辞苑』第四版)。あるいは「①(仏教徒の立

場から見て）邪法の教え。異端。また、これを信奉する人。②真理に反した道・説。……」（『岩波国語辞典』第三版）とある。

彼は仏教とは関係なく、正攻法によらない奇道の戦法、古今東西の指揮官がとったことのない型破りの統率を外道といったのであろう。だが帰還率〇《ゼロ》パーセントの用兵は、統率の外道どころか、もはや統率といえる代物ではない。

前掲書で猪口元中佐の書くところによると、大西の外道発言は十月二十七日となっているが、前後のやりとりは共通しているところがある。そのあとで、彼は次のように書く。

「いま大西長官は、『これは統率の外道だ』と言いきったが、しかし、日本の水上部隊は今度の『捷一号』作戦では、全力をあげて体当りのなぐり込みをかけようとしているのである。これに協力すべき基地航空部隊としては、これ以外にその責務を果たす方法はないのだ。私はそれゆえに、何かしら許されそうな気もするのであった」

あとでわかったが、その水上部隊である栗田艦隊は肝腎のところで、猪口のいう「なぐり込み」をかけずに敵前逃亡してしまって、神風特攻隊の戦果はそれのみに終わってしまい、戦略的にはまったくの犬死になってしまった。これについては後に改めて論じる。

猪口は栗田健男中将の裏切りを知らないから、その時は、「許されそうな気」がして、「なぐり込み」援護の特攻隊を見送ったのだろうが、その特攻が戦略的にはまったくの犬死に終わったことを知った戦後の今でも、彼らの戦果をたたえ、「許されそうな気もする」

と外道を認めている。認めなければ自分も困るからだろう。だが、「何かしら許されそうな気」で命令され、殺されるほうは、たまったものでない。彼にはどうせ死ぬのは他人事だという気がなかったかどうか。これは下司のかんぐりではない。後述するように、「命令する者も死んでいる」といって、あとで死んだのは大西だけだった。人選につとめ、命令書を草したり、伝達した猪口が、死なずにこういう弁解がましいことばかり書いているがゆえの結論なのである。

猪口は「なぐり込み」という言葉を使っているが、この語は戦中の新聞などで、海軍がよく使用していた。やくざの出入りを意味するこの品のない表現は、皇軍（神聖なる天皇の軍隊）の戦闘にはふさわしくないと、当時私も思っていた。常岡滝雄元陸軍中佐もそれを次のように批判する。

「海軍では『殴り込み』という言葉をいつも使っていた。これは道義も理想もない低級なヤクザの喧嘩に使う言葉であって、高い道義的理想達成のための聖戦に使うべき言葉ではない。そして殴り込みという観念は一暴れして引き揚げて来るというもので、敵を殲滅し尽すという思想が欠けている。大東亜戦争間、海軍の戦い振りはいつもこれ式で、殲滅出来る時でも暴れてすぐ引き揚げた。東郷はバルチック艦隊に殴り込みをかけたのではなく、敵を撃滅し尽すまで徹底的に攻撃を続けた」

また山本五十六大将の「暴れる」についても次のように書く。

「山本長官は賭事が好きだった。一国の運命に関する戦争は一分一厘の隙があっても国の破滅となる。この真珠湾攻撃もあらゆる点で隙だらけであったが、向うが日本の方から先きに手出しさせようとしたことや過誤等もあったため、こちらは大して損害を受けなくて済んだだけで、若しそうでなかったら大変なことになっただろう。長官は『半年や一年は暴れて見せる』といった。暴れるという思想が既に堅実性を欠いている。東郷元帥には暴れるなどという落ちつきのない不徹底な思想は微塵もなかった。実際半年後には少しばかり暴れる積りで不用意に出て行って大敗し、戦争の敗北までも決定的ならしめた」（『大東亜戦争の敗因と日本の将来』一九六九年、山紫水明社）

余談だが、陸軍でも昭和十七年ごろから、報道部長の谷萩那華雄大佐が新聞やラジオで「食うか食われるかのたたかい」という言葉を、くりかえし使っていた。聞いていて、聖戦といわれたものが、ここまで成り下がったのかと情ない思いがした。「食うか食われるか」とは戦前のアメリカ記録映画のタイトルで、ジャングルを舞台にライオンや豹が出てきて噛み合いの格闘をする、いわゆる猛獣映画であったのだ。

また北支事変といわれた日中戦争の初期からはじまった風習で、日章旗の白地に墨で署名を寄せ書きして、出征兵士におくることが、終戦までずっと続けられた。当時中学生であった私は、国旗をよごしていいものだろうかと疑問に思った。現代日本での国旗軽視の風潮は、これと無関係ではないと私は思っている。

草柳大蔵氏は「統率の外道」が「司令官として過不足のない表現であったろう。しかし大西はこの『統率の外道』をやめなかった。なぜか」と設問して、新聞記者二人の聞いた大西の言葉を引用している。大毎記者後藤恭治氏に対して、大西はこう語っている。

「『会津藩が敗れたとき、白虎隊が出たではないか。ひとつの藩の最期でもそうだ。いまや日本が滅びるかどうかの瀬戸際にきている。この戦争は勝てぬかもしれぬ』

『それなら、なおさら特攻を出すのは疑問でしょう』

『まあ、待て。ここで青年が起たなければ、日本は滅びますよ。しかし、青年たちが国難に殉じていかに戦ったかという歴史を記憶する限り、日本と日本人は滅びないのですよ』」

また、東日記者の戸川幸夫氏の「特攻によって日本はアメリカに勝てるのですか？」という質問に対しては、「負けない、ということだ」と大西は投げかえすように答えたという。そして、

「『日本のこの危機を救いうる者は大臣でもなけりゃ、軍令部総長でも司令長官でもない。三十歳以下二十五歳までの、或いはそれ以下の若い人々で、この人たちの体当り精神とその実行、これが日本を救う原動力なのだ。作戦指導も政治もこの精神と実行に基礎を置かなくてはならぬ』」

と語っている（前掲書）。

この的はずれの情勢判断と、浅薄な歴史の理解、そして独断的な信念が、「統率の外道」

をやめなかった原因であることを、草柳氏は次のように書く。

「大西は戦場にいる人間として『この局面だけは食いとめられるかもしれぬ』と判断し、司令長官としては『瀬戸際に立たされた海軍』を感じ、中将としては『勝たないまでも負けない、それが日本を亡国から救う道である。そのためには特攻がどうしても必要なのだ』と、自分自身を説得しているのである。

それが無意味であるとわかっている行為でも、行動してみなければ存在そのものまで危うくなるような局面が、人生にも社会にも国家にもあるものだ。そういう局面をなんと名づけてよいか、私にはわからない。しかし、その無意味な行為の担当者は、ついに、永遠に名誉を回復できないということだけは、たしかである。担当者の心情は理解されても、行為の全体には容認を与えられないのである」（前掲書、傍点草柳）

だがこれはおかしい。無意味とわかっていながら「行動してみなければ、存在そのものまで危うくなる」という判断は、まったくの錯誤であり、大西の弁護になっていない。また存在そのものを危うくしないための行動なら、無意味とはいえないわけだから、この論理は矛盾している。「全体には」と限定しているが、「無意味な行為」は部分的にも「容認を与え」るべきではない。多くの人命がかかっているのだから。

草柳氏はまた、

「大西が特攻を『統率の外道』としながらもこれを敢行できたのは、『いま、死なせるのも大悲』という考えが、日本人の思惟の『列外に出なかった』からである。それを支えていたのが、大西の東洋的諦観である。あるいは、第一航空艦隊司令長官としての役割であり、海軍中将としての責任感である」（前掲者）

とも書いた。仏の慈悲を大悲という。神をおそれぬ者は、自分を仏にしてしまった。草柳氏はそういう増上慢をも日本人の思惟の列内にあるとするのか。これについては後に詳論する。

生出氏は統率の外道を、草柳氏のようには肯定しない。本章のはじめに引用した天皇の言葉について、次のように書く。

「『それほどまでのことをせねばならなかった』ということについて、大西は猪口に、『こんなことをせねばならないというのは、日本の作戦指導がいかにまずいか、ということを示しているんだよ。

なあ、こりゃあね、統率の外道だよ』と語った。

もともとは、日本の戦争指導がいかにまずかったかを示すものであろう。ひらたく言うと、やってはならない対米英戦争をやり、勝てるみこみもなくなったのに戦争をやめようとしないから、『それほどまでのことをせねばならなくなった』というものであろう。作戦指導がまずければ戦争をやめるべきで、下手な戦《いくさ》をした作戦指導者たちの責任を、罪のない若者たちに背負わせるというのは、ものごとがさかさまである。どうしても『それほどまでのことをせねばならない』というなら、作戦指導者も若者たちと一緒に体当たり攻撃に出ていくべきである。そうしなければ、外道を若者に押しつけたことに対する示しがつかない」（前掲書）

このようにはっきりと批判しているのである。

だが生出氏も結局は大西に甘い。同書には、

「戦争指導者がやってはならない戦争をはじめ、山本五十六《いそろく》をはじめとする作戦指導者たちがまずい戦《いくさ》をやり、どうにもならなくなり、若者たちに敗戦の責任を転嫁したのが特攻隊であった。大西中将の言うとおり、特攻は『統率の外道』である。

しかし大西は、外道と知りつつ、日本を救うのはこの手しかないと、特攻に突っ走った。そして外道にせめてもの救いがあるとすれば、自分も死ぬことであると考えた」

とあるからだ。旧海軍軍人の生出氏は身内をかばいたいのだろうが、大西が死んでも統率の外道に「救い」はない。

そのうえ、生出氏は猪口氏の前掲書を引用し、次のように敷衍《ふえん》する。

「『神風特別攻撃隊の記録』に、大西中将の先任参謀であった元海軍大佐の猪口力平は、

——旅順口の東郷元帥や、真珠湾の山本元帥が、生還の道を講じて部下を出した立場は、命ずるものが生きている建て前である。しかし大西中将の立場はそうではない。彼は十死に部下を投じたのである。したがって、これが許される立場があるとすれば、『命ずるも

のも死んでいる』つまり命ぜられたものと一緒に彼もまた『死んでいる』建て前であったろう。——

と書いている。『命ずる者も死んでいるんだ』とは、大西がよく口にしていたことばだったようである」(前掲書)

「命ずる者も死んでいる」とは、嘘っぱちもいいところだ。似非《えせ》精神主義の典型というべきだろう。死んでいる者が特攻を命令できるか。死んでいてくれたほうがよかった。だいたい生身の人間に「神だ」といってみたり、命令を出しながら、自分が死んでいるといったり、あまりにも出鱈目が過ぎるではないか。その出鱈目を名言として、高名なジャーナリストは彼を英雄にまつりあげ、彼の下で特攻命令を出しつづけた者は、彼一人を死なせて自分たちが生き残るための免罪符にしてしまった。

草柳氏は大西の「統率の外道」発言を、「司令官として過不足のない表現であったろう」と書いた。それ以上でもそれ以下でもないものと思っているようだ。だが特攻は統率の外道といってすまされるべきものではない。それは人倫の外道であった。大西が特攻を最後までやめなかったわけは、草柳氏のいう低次の理由からでなく、あくまで彼が特攻を人倫の外道と思わなかったからなのだ。人倫の外道に救いはない。「せめてもの救い」など、ありはしないのだ。

大西が統率の外道をやめなかった原因のもう一つについて、後章で詳論するが、彼を特攻の象徴とする陸海軍全体に、特攻作戦をやめさせる契機のなかったことについて一言しておきたい。

特攻への天皇の言葉について、十月二十六日軍令部総長及川古志郎大将に対するものと、十月三十日米内海相に対するものと、いずれか一方を引用する著者が多いが、双方を併記する例は田中伸尚『昭和天皇』第四巻（一九八七年、緑風出版）である。両者の間に多少のニュアンスの違いはあるが、一致しているのは「よくやった」であり、「そんなひどい事はやめてくれ」と言われなかったことも共通している。

「よくやった」はただちに比島の日本軍に伝えられ、布告された。米内海相には「かくまでせねばならないとは、まことに遺憾である」のあと、「神風特別攻撃隊はよくやった。隊員諸子には、愛惜の情にたえぬ」と言われた。特攻作戦者は「よくやった」に鼓舞されたようである。

秦郁彦氏は『昭和天皇五つの決断』（一九八四年、講談社）で次のように書く。

「天皇はそれを聞いて『そのようにまでせねばならなかったか。しかしよくやった』と軍令部総長に洩らした。この感想には特攻よりほかに知恵がないのか、という非難の意味がこめられていたと見てよい。しかし、統帥部は気づいたのか、気づかなかったのか後段だけを強調して『御嘉賞』の言葉だとこじつけて前線に伝えている。

特攻主体となれば、将軍や提督や参謀の存在意義は薄れ、天皇は否応なしに特攻隊総指揮官の位置に押し出された。ひしひしと加わる精神的重圧にたえながら、天皇は死に物狂いで戦局の打開と取りくんだ」

終わりのところは、まるで見て来たような話だが、昭和天皇を特攻隊総指揮官とはっきり位置づけしたのは、秦氏を以て嚆矢とするのではないか。しかし「遺憾」、「愛惜の情」「よくやった」は、普通の人間ならば自分の肉親の特攻死に対しては言えない言葉である。天皇だから発言することができた。この時、「やめてくれ」と言われておれば、特攻作戦は再び決行されることはなかったであろう。それ以外に全軍あげての特攻に歯止めをかける力はなかった。なぜそれが言われなかったか。その時天皇は神であったからだ。

真珠湾無通告攻撃の責任者の一人であった元駐米大使館員寺崎英成氏が、昭和天皇側近の御用掛に出世して、天皇からじきじきに聞いてまとめた『昭和天皇独白録』（一九九五年、文藝春秋）に、沖縄戦での特攻のことが次のように出ている。

「所謂特攻作戦も行つたが、天候が悪く、弾薬はなく、飛行機も良いものはなく、たとへ天候が幸ひしても、駄目だつたのではないかと思ふ。

特攻作戦といふものは、実に情に於て忍びないものがある。敢て之をせざるを得ざる処に無理があつた」

にもかかわらず、敢てせざるを得ないものであったのだろうか。

第四章　外道の告発

大西中将は特攻を「統率の外道」といった。現在多くの人が特攻を論じるときに必ずこの語をもちだし、その意味を疑わず、やむを得なかったと認めていることは、不思議というほかはない。草柳氏は「過不足のない表現」と評価し、生出氏は「せめてもの救いがあるとすれば」の条件付きでそれを認めた。だが私は再言する。帰還率〇《ゼロ》パーセントの用兵は、もはや統率の名に価するものではない。世界戦史に類を見ないのは当然だ。味方の損害が同じなら、敵に与える打撃を最大にする。敵に与える打撃が同じなら、味方の損害を最小にする。これが用兵の原則である。それを考えない者は将帥たるの資格はない。敵に撃ちこんだ砲弾は還ってこない。その使用効率は高いほど良く、消耗は少ないほど良いが、百発百中が不可能ならば、多少の無駄は許容されざるを得ない。したがって無駄を計算に入れた砲弾の使用が行なわれる。だが人命を同様に考えることは許されない。砲弾の無駄な使用も味方の人命を守るためである。あくまで人命は砲弾のように用いらるべきものではない。ところが特攻は人命を砲弾にしてしまった。

原人類が地球のどこかで直立してから、万物の霊長を自任するまで進化したのは、石器時代から道具を使用することを覚えたからであるといわれる。エレクトロニクスの発達した現代世界文明は、人類が道具を使用することによって成り立っているのである。道具を使うべき人間が、道具になっていいものだろうか。道具にされていいものだろうか。人間を砲弾がわりの道具にすることは、人格の尊厳を否定することである。動機の崇高な志願といえども、人間を道具にする特攻は、志願すべきではなかった。志願を許すべきものでもなかった。いわんや特攻を命令することは、他人を道具として、自分のため、あるいは自分のかわりに用いることであって、罪は重いといわねばならない。特攻を「統率の外道」とうそぶいた大西中将も、それを「過不足のない表現」と認める草柳氏も、この単純なことを考えたことがなかったのだろうか。

この稿を草しつつあったとき、ビデオで一九四六年の映画「日本の悲劇」をみた。私は封切直後にもみていたが、一週間後GHQによって上映禁止となり、フィルムが没収されたものである。亀井文夫作品のドキュメンタリーで、戦中戦後の日映ニュース映画を編集し、唯物史観にもとづくナレーションで綴られている。五十年近く前にみて記憶していたシーンがいくつかあった。今回あらためて感動したのは、戦争責任を追及する共産党主導の集会で、壇上に立つ党員らしい若い女性が叫んだ言葉だった。宮本あき子という名が紹介されていた。

「特殊潜航艇をおもえ、特別攻撃隊をおもえ、そう言って彼らは私たちを工場労働に駆使したのです。しかしながら特別攻撃隊の本質は何であったか。それは私たちの最も愛する肉親の生命を、一片の砲弾、一隻の軍艦に、やすやすと交換した天皇制政府の弾圧の中世的表現で……」ここで大きな拍手とともに言葉が消え、ショットがかわった。聞いていて私は涙がこぼれた。よく言ってくれたと思った。戦中日本の精神主義の残酷な非人間性が、ここではマルキストのヒューマニズムによって痛烈に批判されていたのである。

特攻は自殺行為である。キリスト教は自殺を罪悪視するそうだが、私はキリスト者ではないので、そういう立場から特攻を罪悪視する者ではない。一方で自殺は人間の特権だといわれたり、最後の自由だといわれたりするように、世界史上には感動的な自殺の例があるので一括して自殺を非難することはできないと思う。たとえばソクラテスの自殺は、私も小学生時代から教わって、感銘を受けたものであった。国家の危機にあたって、何をなすべきかを問いつめたあげく、特攻志願に踏み切った人たちのことは、大西の扇動とはかかわりなく、自己の信念に徹した行為として、私の胸をゆさぶる。彼らに対して、おくれて生き残った申しわけなさを忘れたことがない。彼らの死のかわりに私が生きのびたことは、数学的な事実なのである。それだけに彼らがその判断にいたる情勢分析と思考過程の偏向が惜しまれるのである。

森本忠夫氏は、特攻は自殺ではないとされる。

「当時の歴史的現実の中に身を置いていた日本人にとって、体当たりは、自殺などと言う人生の敗北者の選択する行為ではなかった。当時の日本人は、〝十死零生〟の死の彼岸に〝悠久の大義〟に生きると言う形而上学的生への転生を悟っていたのだ。今日から言えば、こうした形而上学的諦念は恐るべき麻痺感覚と言えるだろう。だが、驚くべきことに、ある歴史的現実の下では、〝悠久の大義〟に生きることは、日本人の最高の〝栄光〟であり、最大の〝人間的真実〟だと信じられていたのである」（『特攻』）

だが体当たりを、命令のため、自己の意に反して敢行せざるを得なかった人は「形而上学的生への転生を悟っていた」であろうか。自殺という語を、辞書にある「自分で自分の命を絶つこと」（『岩波国語辞典』第三版）という本来の意味からはなれて、「人生の敗北者の選択する行為」のみに限定するならば、ソクラテスの場合をどういったらいいか。いわゆる厭世自殺も自殺であり、ソクラテスの死も、特攻死も自殺である。命ぜられた特攻であっても、爆装機を操縦して死ぬために出撃する行為は、みずからの意志によらねばならぬ。

森本氏は「自分の生が決定的に追いつめられ」て、「死を賭けて生への回帰を計ろうとする」とき、「人間の賭けは、〝十死零生〟ではなく〝九死一生〟の選択なのである。〝十死零生〟と言うのは西欧的観念からすれば自殺の場合の選択に他ならない。西欧諸国の人々が、体当たりを〝自殺攻撃〟と呼ぶのはそうした価値観に根差してのことだ」とされる。だが別に西欧的価値観によらなくても、特攻は自殺行為にまちがいはない。当時の私もそう思っていたし、今もそう思っている。自殺にいろいろな場合があるというならば理解できる。森本氏は自殺の定義を右の辞書のそれとは別のものにかえて、はっきりさせた上で論理を展開すべきであった。自然死は死亡だが、病死や事故死は死亡ではないというならば、死亡の定義をかえる必要があるのと同様だ。ただし終戦直後、八月二十二日愛宕山の尊攘義軍十名、八月二十三日皇居前の明朗会十三名、八月二十五日代々木練兵場の大東塾十四名がみずから死を選んだ行為は、自殺にちがいないが、自決というほうがふさわしいと考えられる。大西中将の場合も、その死にざまから、私は自決の語を用いることにする。余談だが、近ごろ目につくことのある自死という語は、まずい日本語だと思う。

再言する。特攻は自殺行為である。特攻を命令することは、自殺を命令することである。司令官といえども、部下に自殺を命令する権限はなかったはずだ。それがいかなる罪にあたるのか、当時の法制上からも検討したいと思い、陸海軍刑法や作戦要務令など閲覧すべく、手を尽くしたが、防衛庁か国会図書館まで行かねば駄目だと、先輩の法律家にいわれ、その余裕がないため断念した。したがって私の批判は、現代でも通用する、一般的な法律上道徳上の通念によらねばならない。

自殺を命ずることは、死刑を宣告することに等しい。その違いは死刑に価する罪があるか否かである。さきの生出氏の引用文にも「作戦指導者たちの責任を、罪のない若者たちに背負わせる」とあった。特攻命令を出すこと、すなわち権力によって自殺を命ずることは、明らかな殺人行為である。いったいそれは許されることなのか。

日本国憲法第三一条に「何人も、法律の定める手続によらなければ、その生命若しくは自由を奪はれ、又はその他の刑罰を科せられない」とある。大日本帝国憲法でこれに対応するものは、第二三条であるが「生命」の語を明記していない。

そこで現行法で殺人が認められる場合を調べてみた。まず裁判官が死刑の宣告をする行為は法律で認められている。死刑執行人の行為は、あきらかに殺人であるが免責される。刑法第三五条に「法令又は正当な業務による行為は、罰しない」とあるからだ。それでは司令官が部下に自殺を命令する権限が法令に定められていたか。むろんそれはなかった。それでは正当な業務といえるか。建軍のはじめ、明治十五年に発布された軍人勅諭に「下級のものは上官の命を承ること実は直ちに朕が命を承る義なりと心得よ」、「上級の者は下級のものに向ひ、いささかも軽侮驕傲の振舞あるべからず。公務の為に威厳を主とする時は格別なれども、そのほかは努めてねんごろに取扱ひ、慈愛を専一と心掛け、上下一致して王事に勤労せよ」とあるのだ。罪なき部下に自殺を命ずる残虐行為などもってのほかだ。陸海軍の最高の行動規範であった軍人勅諭にもとるもので、正当な業務たり得ない。

上官の出した命令が、そのまま天皇の命令となる建て前から、特攻を命令といわず、あくまで志願と強調してきた虚構のみなもとが、この軍人勅諭にあることは第二章で述べた。だが事実は命令であった。ところで神であった天皇、みめぐみ深き天皇が、無辜《むこ》の民に自殺を命じ給うことはあり得ない。だから部下に自殺を命令することは、当時としても正当な業務ではあり得なかったのである。

刑法に自殺命令の罪というものはないが、自殺関与の罪は存在する。第二〇二条に「人を教唆し若しくは幇助して自殺させ、又は人をその嘱託を受け若しくはその承諾を得て殺した者は、六月以上七年以下の懲役又は禁錮に処する」とある。「この危機を救いうるものは……諸子のごとき純真にして気力に満ちた若い人々のみである」と扇動した大西中将はじめ当時のジャーナリストは、みなこの教唆の罪にあてはまるわけだ。刑法に自殺命令の罪がないのは、それが殺人罪にふくまれるからであると私は理解している。

司令官といえども、権力をかさにきて部下に自殺を命令することが許されないことは、人選指名ということを考えても明らかであろう。ＡＢＣＤと四個の砲弾があって、どの砲弾から先に使用するか、砲手の判断が倫理的に問われることはない。ところがＡＢＣＤ四人のうち、ＡでなくてＢを、ＣでなくてＤを、人が人を選んで特攻に指名することは、とりもなおさず自殺を命令することであり、人間として許されることではない。人間以上の存在でなければ考えられないことである。人間が人間以上の存在であるかのような行為をすることは、道徳的あるいは宗教的に許されることではない。戦中だから、重大局面だからといって、人間が人間であるかぎり許されることではない。

特攻が戦術として普遍妥当性のないことは、当時いわれた「一億特攻」という空疎なスローガン一つをとってみてもわかることだ。比喩的な言葉だとしても、一億が特攻で死んでしまえば国はなくなる。一部隊全員が特攻をかければ部隊は消滅する。アガサ・クリスティでもあるまいし、「そして誰もいなくなった」では、戦術として成り立たないのだ。大局面の中の小局面にのみ、とり得る戦術であった。戦争のはじめから全陸海軍特攻などといっていたら、反乱が起こっていたかもしれない。

全軍特攻といいながら海軍の神風特攻隊戦死者総数二千五百二十四名は、海軍戦死者総数四十二万名の〇・六パーセントにすぎず、陸軍特攻戦死者総数の千三百八十八名は陸軍戦死者総数百四十四万名の〇・〇九パーセントである（服部卓四郎『大東亜戦争全史』一九五二年、原書房）。あとに続くといわれて出た人たちは、ほとんど続く者のなかったことを知ったら、どう思われるだろうか。

大西を英雄視する人たちは、特攻の戦果を誇大にいうが、大本営発表にくらべてアメリカ側の公表した損害は、はるかに少なかった。科学的なオペレーション・リサーチで対応策がとられるようになって、特攻の戦果は激減し、赤トンボの練習機がかりだされるまで兵器が劣悪化しても、グラマン戦闘機が三層に待機する中へ、無意味な突入がくりかえされていった。特攻はこうして大勢の若者を犠牲にしたが、国全体からみれば、あくまで不運なごく少数者が、安全地帯にいて自分は出る気のない者の指名によって、選び出され、死出の旅路をたどらされた出来事にすぎなかった。その証拠に、百年どころか五十年後の今日、大西の名が人の口にのぼらないのはいいとして、大特攻基地だった土地の首長すらもが特攻を忘れてかえりみない現実なのである。

大日本帝国憲法第二〇条に「日本臣民ハ法律ノ定ムル所ニ従ヒ兵役ノ義務ヲ有ス」とあって、戦時には戦場で敵とたたかうことが義務づけられていた。たたかうということは、敵も味方も、自己の生命を賭けてあいまみえることである。自己保存の本能をむき出しにした闘争心が、軍隊の攻撃力の基礎であった。わずかでも生き残れる可能性を期待して、人は戦場に赴くことができたのである。

昭和十八年十月二十一日、学徒出陣の壮行式の日、神宮外苑競技場で学徒代表の東大文学部学生が読んだ訣別の辞の中で「生等《せいら》モトヨリ生還ヲ期セズ」と言ったのは、最悪の場合に処する心構えを決めたという決意の表明であって、自殺命令に従うような死に方を予期した言葉ではなかった。だからこそ国家は戦死者の霊を靖国の社にまつる必要があった。死にたくないのに戦場に出て、死なねばならなかった人びとの鎮魂である。これは運よく生還した人、おくり出した人びとのつとめであった。だが今やマスコミは大臣の公式参拝を非難する世の中となり、天皇の参拝も絶えてしまった。

日本国民の兵役の義務とは、こういう戦場の実態あるいは常識を前提としたものであった。契約といってもいい。司令官の出す自殺命令にも従わねばならないと知っていたら、明治二十二年制憲当時の日本国民は、黙っていなかったのではないか。古今東西に前例のない特攻戦術、特攻命令は、旧憲法の定めるところからも逸脱したものであった。

これまで私は特攻が統率の外道ではなく、人倫の外道である所以《ゆえん》を論ずるとともに、刑法適用の免責条件である「法令又は正当な業務による行為」にあてはまらない所以を論じてきた。もともと特別攻撃隊という名称そのものが、オブラートにつつまれた虚構だったのである。普通攻撃隊と特別攻撃隊の違いは、普通急行と特別急行の違いに対応するものではない。正直に「外道攻撃隊」「自殺攻撃隊」と命名していたら、何人が志願したであろうか。


結論として私は特攻命令者を殺人罪で告発する。ひとり大西中将のみならず、すべての命令者を殺人罪で告発する。阿川弘之氏が絶讃する井上成美海軍大将も共犯だ。彼の著『井上成美』（一九八六年、新潮社）によれば、昭和十九年十二月中旬、駆逐艦涼月砲術長倉橋友二郎少佐が、海軍省次官室で井上次官に特攻の非を説いた。

「次は、特攻作戦に関してです。本年十月以降、海軍は神風特攻隊を戦線に投入し始めました。ある程度の戦果は挙っているかも知れませんが、日露戦争の決死隊とちがい、あれは作戦の外道です。何とか今のうちに歯止めをかけないと、やがて特攻戦法が普通の攻撃法という異常事態になりかねません。私は、ミッドウェー、マリアナ沖、レイテと、三度の作戦失敗で、此の戦争はもう先が見えたと思っております。国破れて山河だけ残っても何にもなりません。もし国が破れるものなら、残すべきは人ではないでしょうか。特攻を、今すぐにも禁止して頂きたいと思います」

読んでいて私は涙が出そうになった。堂々たる正論である。ところが「井上は返事をしなかった」とある。つまり黙殺してしまったということだ。当然である。後のことだが、生出氏によれば、

「井上は昭和二十年二月に、陸軍省から、『特攻戦死者の遺族弔問のため、大臣代理として大将を派遣したい』という申し入れがあったときに、次のような文書を書いている。

——海軍はいまや全軍特攻である。航空特攻は今後何千何百出るであろう。航空以外の新兵器による特攻（空中特攻『桜花』、水中特攻『回天』、水上特攻『震洋』等の部隊が生まれていた）も出現する。これらの特攻の遺族に対し、今後洩れなく弔問することは不可能である。また大将を派遣するとなれば、資材、労力の浪費も少なくない。現在は戦力増強が大切である。遺族の弔問よりも、戦《いくさ》に勝つことに努力することが特攻の真意に副うゆえんである。海軍は陸軍のやることに反対しないが、海軍はやらぬ(防衛庁戦史部所蔵)——

また、昭和二十年一月二十日付で米内海相に提出した『大将進級に就き意見』という文書のなかでは、

——第一線は神風隊の如く人類最善最美の奮戦をなしつつあり。作戦しかも不如意なるは戦力の不足にあり。戦力不足なればこそ第一線将兵をして神風隊の如き無理な戦をなさしめつつある次第たり。

戦力不足は誰の罪にもあらず、国力の不足なり。国力不足に無智にして驕兵《きょうへい》を起したる開戦責任者に大罪あり――と書いている。

このように井上は、特攻の責任を開戦責任者にもっていっている。また『無理な戦』と言っている。それにもかかわらず、特攻に反対はしていない。どう考えていたかといえば、特攻のような『無理な戦』をやってもやはりだめだというところまでいかなければ、終戦のいとぐちはつかめないと考えていた、というほかなさそうである。井上にとっての特攻は、戦争をやめるために避けられないひとつの過程だったようである。米内もおなじであった。

ところが大西はちがっていた。特攻を強化すれば戦争に勝つ、勝たないまでも負けない（後には『負けても亡びない』となる＊引用者註）。だから特攻がつづけられるかぎり戦う、というものであった」（前掲書）

井上自身が特攻推進者だったのだから、倉橋少佐の言に耳をかすはずがなかったのだ。大西が殺人犯なら井上も殺人犯だ。米内にしてもしかり。ことに大西はパラノイア（偏執狂）的信念から強行したのに反し、井上、米内は終戦工作の方便として、特攻を重要視していたことは、より冷酷陰険かつ非人間的といえる。

近頃は大西までが終戦工作の手段に特攻を利用したという説がある。こういう無理な戦法に対して、天皇がそこまでするのなら戦争をやめようと言ってくださるのを期待した戦法であったが、天皇はそう言ってくださらなかったというのだ。これに関する斉藤飛曹長の話は後述する。だが大西は最後の最後まで戦争継続を主張したのだから、レイテ戦のころ和平意志があったとは思えない。もしかりに本当にそういう意志があったのなら、なぜ天皇にそれを言わなかったのか。それをせずに若者の犠牲を手段としたことは許せない。一司令官が天皇に直言することは不可能に近い。だが特攻という残虐行為に踏み切ることを考えれば、いかなる手段をとっても敢行すべきではなかったか。海軍中将の位を捨ててまでそれをやる気がなかったというだけのことだろうか。だが無位無冠の民間人には、処罰をかえりみず、渡良瀬川鉱毒事件で明治天皇に直訴した田中正造のような人物がいたのである。権威主義者は上に弱いということだ。

今なお特攻を讃美する者、やむを得なかったと弁護する者、自殺した大西を英雄視する者があとを絶たないが、彼らはすべて事後従犯である。

「『特攻』はいうまでもなく、最後の手段である。これ以上の手はない。大西が比島で特攻を発進させて以来、帝国陸海軍はこの『最後の手段』のところで足踏みをはじめたのはいうまでもない。敗者の視野は狭窄化《きょうさくか》するばかりだ」

と草柳氏は書いた（前掲書）。現代における特攻肯定論の典型である。戦争にはいろいろな手段があって、その最後の手段というわけだ。しかし草柳氏のいう「最後の手段」とは、実は殺人という犯罪なのである。「これ以上の手はない」ではなくて、「こんなひどい手はない」というべきだ。特攻は「最後の手段」ではなくて、その一歩手前までが「最後の手段」であった。乱暴なたとえだが、親に金を無心する手段にも選択肢があり得る。めぐんでもらう、泣きつく、借用証を書いて借りる、騙す等々、いろいろな手があるわけだ。しかし親を殺して金をとることを「最後の手段」とはいわないだろう。自殺攻撃の命令は殺人行為である。それは「最後の手段」ではなく、最後の手段の限界をこえて、人間としてなすべからざる外道に踏み込んだものであった。それを「最後の手段」と肯定する草柳氏は、私にいわせれば殺人の事後従犯である。

だが大西中将が人殺しであることを、実は草柳氏も認めてはいるのだ。

「第一次特別攻撃隊のあと、ひき続いて多くの隊が編成されて、出撃を開始したときだ。『敵はすでにレイテに上陸し、戦局も一段落したのですから、体当り攻撃は止めるべきではないでしょうか』

この質問は、参謀（猪口）として当然すぎるほど当然であった。特攻機は発進するのだが、戦果はそれほど上っていないのである。

大西は、こう答えている。

『いや、そうじゃない。こんな機材や搭乗員の技倆で戦闘をやっても、敵の餌食になるばかりだ。部下をして死所を得さしめるのは、主将としての大事ですよ。これは大愛なんだ、と自分は信じているんだよ』

大西中将の〝大愛〟はこうもいえるだろう。戦争という構造の中で、彼は自分の手で若

者を殺しているのだ。殺さざるをえないような状況に彼も巻きこまれているのだ、と」（前掲書）

しかし草柳氏は大西を殺人犯として告発しない。それは「大愛」という欺瞞的な大西の論理を認めて、情状酌量するからである。別のところでは大西の「大慈悲」の言を引用する。「地上においておけばグラマンに叩かれる。空に舞いあがれば、なすところなく叩き落される。可哀想だよ。あまりにも可哀想だよ。若ものをして美しく死なしめる、それが特攻なのだ。美しい死を与える、これは大慈悲というものですよ」（前掲書）

こういうのを死神の論理というのだろう。特攻という強制で、美しい死を与えてやるという。慈悲で殺されるほうはたまったものでない。人間が人間として認められる限界をこえた言葉ではないか。人間以上の存在でなければ、してはならない行為ではないか。それでいて大西は相手を神だと言ったりするのだ。「自分の手で若者を殺している」大西の「大愛」も、それを認めて解説者の役割をつとめる草柳氏も、支離滅裂の論理だ。後述するように、桶谷秀昭氏はこれを大西の「狂気」と言ったが、草柳氏も同断である。近頃の新興宗教が、人を殺しておいて、地獄に堕ちる道に踏み込むのを救ってやった、と恩にきせるのと、戦中に人が人に必死の攻撃を命令して慈悲だと言ったのと、それを今草柳氏が肯定するのと、どれだけの違いがあるだろうか。

草柳氏が特攻殺人を告発しないことは、くりかえし引用する『特攻の思想』の「完全な

『殺人機』」と題する一章でも示される。陸軍の航空技術本部が一度飛び立てば二度と着陸できぬ「さらに徹底した〝殺人機〟を開発した」と書いていながら、「このような開発を支えていたのは、海軍の特攻隊発進のたびにエスカレートする、陸軍部内の『体当り常道論』であったといわれている。もちろん、『特攻は統率の外道』という思想から『体当り常道論』に反対する意見はあったろうが、特攻機そのものの非人道性は蔽《おお》うべくもないのだ。当時の軍指導者たちは『特攻は志願制であった』と強弁するが、志願制は統率の責任の消滅を意味するし、だいいち、志願しなかった場合に受ける制裁の凄さは、高木俊朗氏がしばしば記述しているとおりである。

私は、いまさら『体当り常道論者』を探し出して、その責任を問うつもりはない。そんな意味でこの文章を書いているのでもない。ただ、問題は、いったん『体当り常道』という心境の壁を乗りこえてしまうと、こんどは科学技術を駆使して、手段を肥大させる属性が人間にあることを指摘したいのだ」（前掲書）

と殺人犯を弁護するのだ。殺人犯が多すぎるからだろうか。

特攻殺人についてこれだけ多くの事例をあげておきながら、その責任を追及しない態度はいっそ見事な処世術といっていいだろう。言論界における世紀末的頽廃というべきか。草柳氏の著書の引用のみに照らしても、特攻命令は殺人罪に価すると思う。草柳氏は特攻を批判し、大西を批判するようでいて、最後のところで逃げ道をつくり、大西を悲劇の英雄という偶像に仕立ててしまった。私が草柳氏を特攻殺人の事後従犯とする所以《ゆえん》である。

草柳氏の「最後の手段」に対して、生出氏は「特攻は最後の切り札であった」と書いた（前掲書）。終始特攻に対して、その著で懐疑し批判する生出氏も、「最後の切り札」としても許されぬという立場をつらぬかずに、是認してしまった。やはり氏も事後従犯の一人といわざるを得ない。

秦郁彦氏は『昭和天皇五つの決断』（前掲書）で、

「この前後の軍首脳部の言動を見ると、表面は強気でも内心は自信も戦意も失ってしまったとしか思えない無為無策ぶりが目につく。第一線でもベテランはやる気をなくして、矢おもてに立つのは士気は高いが、技量は未熟な少年兵と学徒兵に移る傾向が見られた。特攻の創始者である大西中将が『統率の外道だよ』と自嘲した体当り攻撃法は、こうした状況から生れた必然的帰結だった」

と、今どき珍しい必然論をとなえて、特攻を肯定しているのである。歴史家としての秦氏の資質を疑うに足る記述である。何故特攻が必然的帰結なのか。必然的帰結とは、必ずそうなる、それ以外にはあり得ない帰結である。はたしてそうか？　秦氏の言う「こうした状況」は必然的に特攻にいたるものか？　それ以外に選択肢はなかったのか。そうではない。いくつもの選択肢が、特攻以外の選択肢があり得たのである。特攻をしないという選択肢をとれば、特攻以外の戦法がすべてそれにふくまれる。中央にいたのが米内、井上といった外道提督でなくて、終始特攻に反対していた鈴木貫太郎大将のような人物だったら、特攻は最後まであり得なかったと断言できると思う。ほかにも前出の井上次官に特攻中止を献策し、黙殺された倉橋少佐のような反対者が多くいた。みずから特攻を立案、志願した以外の隊員に意見をきけば、すべて反対しただろう。それを無視してとられた特攻という選択肢は、最悪最低のものであった。他の選択肢をとっていても敗戦はさけられなかったであろう。だが特攻という選択肢がとられたことによって、帝国海軍は世界戦史上に醜名をさらしてしまった。それをとりつくろうために、多くの美談がつくられ、特攻命令者の大西は英雄に、それも悲劇の英雄にまつりあげられねばならなかったのである。

レイテ戦のような戦勢不利な局面に立ちいたれば、司令官は誰でも殺人鬼になるというのが、秦氏の特攻必然的帰結論である。秦氏自身も大西の立場に立たされたら、そうしたにちがいないということだ。自身そう考えておられるから、特攻必然的帰結論をとなえられたのであろう。秦氏も特攻殺人の事後従犯ということだ。

第六艦隊水雷参謀として、終始回天特攻作戦を推進した元中佐鳥巣建之助氏は、前にも引用したが『太平洋戦争終戦の研究』に、

「太平洋戦争は、古今東西の戦争史のなかでも、空前そしておそらく絶後であろう二つの重大事件を経験した。しかもこの両者は、ともに戦争終結に大きな影響をおよぼし、予想外の幸運な終戦を招来する要因になったことは明白である。

この二つが原爆と特攻であったことは言うまでもあるまい。

しかし原爆も特攻もともに悲惨であり、非道とさえ見られ、戦争史における評価は決して適正ではないと思われてならない」

と書き、『人間魚雷回天と若人たち』（一九六〇年、新潮社）の巻頭では、

「神風といい回天といい、たしかに悲壮極まりない特攻兵器であったが、祖国のためには死をも省みないこの闘魂が、日本国民は恐るべき民族であるとの畏敬の念を、彼等（連合国軍＊引用者註）にいだかしめた大きな原因になっているのではあるまいか」

と書く。しかし、その末尾には、

「硝煙消えてすでに十有五年、戦争の悲しみは、今も尚、多くの人々の心をうずかせている。もう再びこの悲惨を繰り返してはならない。ましてや神風や回天のような特攻は絶対に避けなければならない。だが、これで死んでいった若人たちの、祖国のため、父母弟妹のため、一身を省みなかった至純の愛は永遠に忘れることは出来ない」

とも記しているのである。ダブルスタンダードの典型だ。

おそらくすべての命令書を草したであろう鳥巣氏が、回天特攻を戦中の美談としながら、生きのびた戦後には「神風や回天のような特攻は絶対に避けねばならない」とまで書くのである。「絶対に」というからには、戦中も戦後も「避けねばならない」はずだ。戦中に自分はちっとも悪いことをしていない、という信念があるから言えるのだろうか。しかし

統率の外道といううしろめたさから、戦後社会にふさわしい、ヒューマニストのような恰好をつけて「絶対に」とまで言いきるのであろう。卑怯というか、狡猾というか、武人として許せない態度である。人間を魚雷に仕立てた罪は、こういう美辞麗句で消えるものではない。

特攻については戦後五十年の間、多くの文章が書かれ、論議がなされてきた。だがみずから志願した人たち、命令された人たち、命令した人たち、それぞれについて、必ずしも正しく紹介がなされ、批判がされてきたとはいえない。私はこの書で、そのいずれにも全力をもって取り組もうとしてきた。成果は望みどおりには得られそうにないが、ここまでのところで一応の結論を出したいと思う。

私はすべての特攻命令者・協力者を殺人罪で告発する。戦後特攻を肯定し、弁護する人たちを事後従犯として告発する。

告発といっても、時効という反論があるだろう。現実の法廷ではそうかもしれない。だが私は歴史という名の法廷に持ち出そうとしているのだ。

「世界歴史は世界法廷である」

ヘーゲルのこの言葉を私は信条とするからである。

第五章　大西中将はなぜ切腹したか――（その一）遺書

「大西中将はなぜ切腹したか」という命題を、私は「なぜ自決したか」「なぜ自決の方法として切腹をえらんだか」の二つに分けて考察したいと思う。

「命令する者も死んでいる」と言いつつ命令してきた者が、命令を続けることができなくなったから、死ぬのは当然という見方は論理的である。だが大西が論理的整合のみのために死んだとは考えがたい。彼の死にざまははげしく、派手であったから、静的な論理だけの解釈は、はなはだ一面的であると思われる。

彼の自決は多くの人びとからたたえられてきた。彼を非難する人でも、その自決だけは是とし、その自決によって彼の評価をマイナスからプラスに転換させてしまうことが多い。何よりも名文とされる遺書と、壮烈な切腹が、彼を英雄に、さらには悲劇の英雄にまつりあげる最大の要因となっているのだ。その遺書は次のとおりである。二通あるうち、夫人にあてたほうは私事にわたるので省略する。

「遺　書

特攻隊の英霊に曰す　善く戦ひたり、深謝す　最後の勝利を信じつつ肉弾として散華せり
然れ共其の信念は遂に達成し得ざるに至れり　吾死を以て旧部下の英霊と其の遺族に謝せんとす
次に一般青壮年に告ぐ
我が死にして軽挙は利敵行為なるを思ひ　聖旨に副ひ奉り自重忍苦するの誡《いましめ》ともならば幸なり
隠忍するとも日本人たるの衿持を失ふ勿れ　諸子は国の宝なり　平時に処し　猶ほ克く特攻精神を堅持し、日本民族の福祉と世界人類の和平の為、最善を尽せよ
海軍中将　大西瀧治郎」

「衿持」は正しくは「矜持《きょうじ》」である。森本忠夫氏は『特攻』（前掲書）に、「翌八月十六日、海軍特攻の〝創始者〟であり、かねてから死を覚悟していた大西瀧治郎中将が、散華した数多の特攻隊員に謝しつつ自刃していた」と書いた。これは前日の放送で敗戦とわかった後に、特攻出撃と称して若者を道づれにした宇垣纏中将を批判した文章に続けたものである。「プレジデント」一九九二年八月号の深田祐介氏との対談で、森本氏は「海軍特攻の創始者」といわずに「特攻生みの親とされている大西瀧治郎」と言っている。「生みの親」とはよく不用意に使われる言葉で、自

己矛盾だ。殺すために生む親はない。隊員が一人できれば一人、二人できれば二人、できるたびに殺してゆく特攻の「生みの親」とはいったい何だろう。親と言いたければ鬼子母といえばよい。他人の子を取って喰う鬼子母だ。大西には「特攻生みの親」より「特攻鬼子母」のほうがふさわしい。

森本氏の『特攻』は名著であるが、前に引用したように、その扉に、「棺を蓋うて……」の名科白《せりふ》を、特攻隊員が言い残した悲痛な言葉にならべて掲げたり、「第一航空艦隊司令長官大西瀧治郎中将と言う、余りにも不幸な運命の星に導かれた一人の日本人」とか、「悲劇の提督」とか書いていられるので、氏は彼を批判しながらも高く評価していられるか、あるいは客観的評価は割引いても、感性的にはかなり傾倒していられるかのようだ。

森本氏がいわゆる運命論者であるとも思えないのだが、私は大西が「余りにも不幸な運命の星に導かれ」てあんな暴挙をやったとは思わず、あくまで彼個人の人となりの発現であったという立場をとってこの章をすすめるつもりである。もっとも生まれながらの性質を運命といってしまえば別だが。

生出氏は前掲書の中で次のように書く。

「敗戦に当たって、神風その他、特攻隊の戦死者たちにたいして謝罪し、自決した関係将官、佐官、尉官は、大西のほかには見当たらない」

「朝、軍医が来たとき、

『生きるようにはしてくれるな』

と頼んだ大西は、戦死した特攻隊員たちに詫びるように十五時間余の苦痛に堪え、午後六時に絶命した。行年五十四歳であった」

そして遺書について、

「まず、特攻隊の英霊に、よくやってくれたと感謝している。ついで、日本が最後の勝利を得られなかったことにたいして、特攻隊の英霊とその遺族に死んで詫びると述べている。最後の勝利を得られなかった理由については何も述べていないが、二千万人特攻をやれば最後の勝利を得られた、すくなくとも屈辱的な無条件降伏はせずに名誉ある講和ができた、それができなくてすまなかった、と言外で言っているようである」

「『我が死にして軽挙は……幸なり』

自分はあくまで米英と戦いたい。しかし聖断によって戦ってはならなくなった。自分は戦いたい気持をこらえ､それにかえて自決することにする｡これを戒めとして､諸君も軽挙して戦うようなことはせず、聖旨にそって自重忍苦してもらいたい、ということであろう」

と書いた。

生出氏が「屈辱的な無条件降伏」と書いたのは事実誤認である。ポツダム宣言を読めばわかることだが、日本の降伏はポツダム宣言に明記された降伏条件を受諾した条件付降伏（有条件降伏）であった。だから「屈辱的な無条件降伏」の語は、特攻隊諸士はじめ多くの人びとの犠牲を無にする生出氏の心ない妄言である。特攻隊諸士にかわって、私は生出氏に訂正を求めたい。このことは森本氏がその著『特攻』にくりかえし「日本の無条件降伏」の語を用いられることについても同様である。

皮肉なことに、生出氏の右の著書の末尾に、海軍での氏の先輩妹尾作太郎氏が、次の文章を「解説」の終わりにのせられていられるのだ。

「わが国が戦後四十余年で世界第二の経済大国としてカムバックすることができる基を開いたのは、昭和二十年（一九四五）八月のポツダム宣言受諾であった。この宣言は一般には無条件降伏要求と信じられているが、決してそうではなく、八項目からなる〝有条件降伏要求〟であった。

まさに刀折れ、矢尽きかけた、孤立無援の日本に対して、勢いに乗る連合国をして有条件降伏の宣言を行わしめたものは、特攻隊員が連合軍に対してあげていた、精神的、物質的の、恐るべき戦果（『ドキュメント神風』下巻付録「特別攻撃戦果一覧表」参照）から、本土上陸作戦を実施した場合に予想される、連合軍側の膨大な損害を考慮してのことであったと思われる。

従って経済的繁栄を享受しているわれわれは、〝肉弾〟となって散華した特攻隊員たちに、心から感謝を捧げるべきである」

生出氏はまた、大西の遺書について、

「日本人の誇りを失うなというのは当然であろう。しかし、ここはもうひとつつけ加えて、日本人は反省もせよというのがあってほしかった。矜持を失うなというからには、正しいことをやっていなくてはならない。ところがこの戦争では、米・英・蘭・豪・仏・ソなど白人国ばかりか、中国、フィリピンからも敵対され、戦後には韓国からも憎悪された。これでは日本が正しいとは言えないであろう。

『矜持を失ふ勿れ』の前提に、『世界に通じる正しい国をつくり』というのがあってほしかった。それがあれば、『平時に処し　猶ほ克く特攻精神を堅持し……最善を尽せよ』というのも生きてくるであろう」

などと、細川元首相あたりがきいたら喜びそうな蛇足をつけくわえておられる。だが大西中将が死の間際に、そんな歴史的回顧や展望ができたわけはない。「反省せよ」というからには自分も反省しなくてはならず、生出氏のあげた九カ国に対して、いちいち反省や謝罪などしていたら、時間がとられて、切腹する気がなくなってしまうかもしれないではないか。旧軍人ならその当時の緊迫した空気がわかりそうなものだが、戦後の平和がこれだけ続くと、こういう間のびのした文言が出てくるのだろうか。

「矜持を失うなというからには、正しいことをやっていなくてはならない」とは、まるで言いがかりをつけたような批評である。日本は正しいとは言えない。世界に通じる正しい国をつくれ、そのうえで矜持をもて、と生出氏は主張されるのか。ならば借問す。夫子自身は戦中に日本人たるの衿持をもっていなかったのか。戦後の今ももっていないのか。氏は戦中の日本が九カ国から敵とされ、憎まれたゆえに「正しいとは言えないだろう」と言われ、衿持をもつためには正しい国でないといけないと主張されるのだから、論理的に戦中の日本人は日本人たるの衿持をもつべきでなかったという結論になるわけだ。当然生出氏も大西中将も衿持をもたず、もつべきでなかったとなるではないか。そして死の直前の大西に、「正しい国をつくれ」と言わせたいなら、終戦直後の日本も正しい国ではなく、これから正しい国となるべきものであったということになる。ならばいったい今の日本は正しい国になったのか、それともなっていないのか。なったとすればいつからなったのか。その時から生出氏は日本人たちの衿持をもつようになったのか。それとも正しい国とは必要条件なのだから、正しい国になったとしても衿持をもたねばならぬということではない。日本は現在正しい国だから生出氏は衿持をもつと言われるか、それにもかかわらずもたないと言われるのか。こういうノンセンスな議論の根源は遺書につけた生出氏の蛇足からであった。

生出氏の論理を演繹すれば、大西中将は戦中から自決まで、日本人たるの衿持をもつべきでなかったということになるが、私は彼が衿持をもっていたと思うし、もつべきでなかったとは思わない。もっていたからこそ、「日本人たるの衿持を失ふ勿れ」の語が出たのである。生出氏の蛇足の論理は大西中将の衿持を否定するもので、私は承服できない。

私は戦前には、帝国軍人たる者は人一倍ナショナリズムが強く「日本人たるの矜持」が高いものと信じていた。しかし戦中にこれが裏切られることが多く、戦後はさらにいちじるしい。しかしこうもあからさまに「日本人たるの矜持」を否定する旧軍人が存在するとは、思いもよらぬことであった。イギリス人がイギリス人たるの矜持をもつというとき、印度侵略の歴史を反省し、「世界に通じる正しい国をつくり」矜持をもつにいたったというか。ならば印度を支配しているとき、イギリス人にイギリス人たるの矜持はなかったというか。事実は正反対である。こういうとき、細川元首相の亜流あたりは、イギリスが侵略したからといって、日本が侵略していいということにはならない、といった論理を出すものだ。ここではこういう揚げ足とりの論理は無視しておく。無視できないのはスペアといわれ、消耗品といわれた予備学生出の海軍士官でなく、海兵第七十四期出身のレッキとした元海軍軍人が、戦中から戦後へかけての日本が「世界に通じる正しい国」でなかった、「日本が正しいとは言えないだろう」として、「日本人たるの矜持」をもつことを疑問視していることだ。職業軍人といわれた人たちのナショナリズムの底の浅さを見せつけられたようで、白ける思いである。ジャーナリズムに受け入れられるためには、旧軍人といえども、岩波文化人のような蛇足も必要ということか。

生出氏は「世界に通じる正しい国」といわれるが、それはいったいどういう国なのか、はっきりさせていただきたい。ソ連崩壊前の日本のマルキストなら文句なしにソ連がその模範だといったたろう。まさか生出氏はソ連をそう思ったわけではあるまい。「世界に通じる」というのも曖昧な言葉で、価値観の違う国々に通じるというものが、どれだけあるのか考えれば、こういういい加減な言葉は使えるものではないだろう。世界で戦争の絶え間はないが、ボスニアの紛争にしても、アラブ、イスラエルの関係にしても、いずれも自分の正義を主張して、正義と正義とが衝突したのである。正しい国と正しい国とが戦うのである。「世界に通じる正しい国」という言葉自体大きな問題なのだ。死ぬ間際の大西中将に注文をつけるべきことではない。

自国が正しい国であると思う国民は、そのことをよろこび、国民としての矜持をもつだろう。しかし国民の中にはへそまがりもいて、正しい国であることをよろこばぬ者もいるだろうし、それを誇りとしない国民もいるだろう。正しくない国の国民がすべて国民としての矜持をもたないともいえないのではないか。正しいとか正しくないとか、算数テストの正否の判定のように決められるものではないからだ。甲が見て正しい国であっても、乙が見たら正しくないということもあるだろう。生出氏がみて正しくない国と考える国でも、何らかの美点があって、国民としての矜持をもつことが誤りとは必ずしもいえないのである。

私は今の世紀末的頽廃の日本にほとほと愛想がつきる思いであるが、日本人としての矜持はあるか、といわれれば、あると答えるのに躊躇はしない。祖先から伝えられた歴史と文化に、いささかの誇るべきものがあれば、人間としての欠点がいくらあろうとも、劣等感にさいなまれるよりは、国民としての矜持をもつことが、「世界に通じる」道であると思うからである。マスコミや二流政治家は侵略史観、犯罪史観をとなえて、日本人よ、加害者意識をもて、前科者意識をもてと叫びつづけているが、日本人の中にも世界に誇るべき人たちはいたし、現在もいるだろう。みずから前科者意識や加害者意識をかかげる卑屈は、他国人の軽蔑をまねくのみである。真に国民としての矜持を自覚する者は、他国民に対してその国民の矜持を尊重するものである。国民としての矜持のない者が、他国民を正しく遇するとは思えない。他国民の矜持を理解することが不可能だからだ。みずから誇りをもたぬ者は他人の誇りがわかることはない。

一九四〇年、独軍に追われてアメリカにわたる船中で、アンドレ・モーロワがつぶやいたという「フランスは、良かれ悪しかれ、私の祖国だ」（アンドレ・モーロワ『フランス敗れたり』一九四〇年、大観堂）に対して、当時の私はむしろ反感をもっていたが、今はこの気持ちがわかるような気がする。正しい国だから愛する、正しい国だから誇りをもつ、正しい国ならばまもる、というものでもないだろう。まもるに値する国でなければまもる気にならない、というのは言いわけにすぎない。正しくなくても祖国は祖国、日本は日本だ。正しくないなら正しくするよう努めればよい。今は正しくなくても、攻めこまれたら、私のような老骨といえども銃をとって起つことはできる。この程度のナショナリズムをきらっていて、国が成り立つとは思えない。

だいたい大西中将は自決の直前まで戦闘継続のため、ポツダム宣言受諾阻止に奔走していたのである。八月十三日午後十一時、首相官邸の最高戦争指導会議の会場で、大西は豊田副武軍令部長と梅津美治郎参謀総長、東郷茂徳外相に向かい、「いまからでも、二千万人を殺す覚悟でこれを特攻に用うれば、決して負けることはありません」と言っている。しかし受けいれられず、彼が軍令部次官室に帰って猪口力平大佐に「万事休す」と「長歎息」したのは、翌八月十四日午前二時であったという（生出、前掲書）。

自決は八月十五日未明のことであった。直前まで和平反対、二千万特攻、戦闘継続を叫んでいた者が、この時てのひらをかえしたように、戦中日本は悪いことをしました、これからは「世界に通じる正しい国」にと言いだしたところで、木に竹をついだようなものだ。誰が信用してくれるか。いったいどちらが本気なのか、いぶかる人も出てくるだろう。生出氏は大西中将に平和主義者になって死んでほしかったのか。細川内閣以来流行の謝罪論者のようなことを書いてほしかったのか。この蛇足はないものねだりというよりは、見当はずれもいいところであった。

生出氏はこの蛇足に続けて、

「しかし大西の厳しい自決は、日本海軍の矜持を示し、名誉を守ったものであった」と書いて、大西をたたえている。「海軍の矜持」とあるからは、生出氏も大西中将が矜持をもっていたと考えておられるようだし、海軍の一員であった生出氏も矜持をもっていたようにとることができる。そうすると前の蛇足の部分は、これとまったく矛盾したことになるのだ。生出氏も余計なことを書かず、すなおに「大西の厳しい自決」を讃美するだけにしておけば、何の矛盾もなく、論理が一貫して、筋が通っていたのではないかと、惜しまれるのである。

以上、森本、生出両氏の大西遺書に対する見解をとりあげた。次に『人間魚雷回天』（一九八九年、図書出版社）を書いた神津直次氏の見解を紹介する。氏は同書の末尾に、「軍令部の強制により、神風特攻を実施した大西瀧治郎中将は、その死にあたり、特攻隊員に深くわびていわく」

と書いて遺書の前半を引用し、

「真の特攻実施決定者、搭乗員募集の責任者である、帝国陸軍と帝国海軍の最高首脳部からは、ついにこのような言葉を聞くことがなかった。

回天特攻作戦で死んだ搭乗員、整備員、潜水艦乗組員、その他の死者の霊は、今いずこにあって、いかなる感慨を抱いているのだろうか」

とつけ加えている。右の文章のすぐ前に、特攻推進者として、米内光政、井上成美の名が出ているので、「最高首脳部」の中に両人がふくまれることは明らかであろう。黒子のように大西のうしろにかくれていて、実際は特攻を推進しておりながら、戦後を黙って生きのびた陰険な首脳部よりは、自決した大西のほうがずっと立派で、その点では誠実であったと私も思う。だが彼の遺書に関しては、あとで異見を述べてみたい。

草柳氏は前に私が引用したように、「黙って死んで行った」と書いたが、とんでもない。彼は遺書に叫びをのこし、号令をかけて死んでいるのだ。この遺書を読んで私がつくづくと感じたことは、上級軍人というものは、死ぬ時までこういう言葉づかいをするものかということであった。司令長官が死ぬ時は、やはり司令長官の言葉づかいで死ぬのかという思いである。彼は遺書の中で謝ったことになっているが、その語り口は、当初の「叩っ斬る」「皆はすでに神である」の訓示の時とまったくかわりがない。生きながらの神に対しても、死んだあとの神（「特攻隊の英霊」）に対しても、壇上から若い部下に対する言葉づかいなのである。「善く戦ひたり、深謝す」とは「よくやった、ほめてつかわす」ということだ。「肉弾として散華せり」とは、生身の人間が神に対して用いるべき言葉ではない。生きているうちに「神である」などとおだてながら、その神の前にひれ伏しておがむ態度をとらなかったように、英霊に対しても、神に対する言葉づかいをしていない。先に特攻死した部下たちを、本当に英霊とし、神と思うのなら、たとえばこういう言葉づかいにすべきであった。

「かしこみて特攻隊諸士の英霊に申し上げたてまつる。諸士は善く戦はれたり。深く謝したてまつる。諸士は最後の勝利を信じ給ひつつ、肉弾として散華し給ひぬ。然れども其の信念は遂に達成し給ふこと能はざるに至れり。不肖われ一死を以て旧部下たりし諸士の英霊と其の御遺族に謝しまつらんとす」

　彼はあの世へ行っても司令官と部下の関係を続けるつもりであったような文言である。傲岸不遜、神をおそれぬ態度は、死ぬ間際までかわらなかったということだ。

　先に大西の死に対する諸家のコメントをあげた。森本氏は大西が「特攻隊員に謝しつつ自刃」と書き、生出氏は「特攻隊の戦死者たちにたいして謝罪」と書いた。草柳氏は第二章に引用した「男の心情の軋《きし》みを聞く思い」のあと、

「私は、大西中将の名誉を回復しようとは思わない。回復しようにも、彼は、ただひたすらに詫び、一言の弁解もせずに死んでいったので、手がかりがない」

と書いている。神津氏は「特攻隊員に深くわびて」と書いた。

　だが大西ははたして謝っているのか？　謝ったとすれば何を謝ったのか？　遺書を読み返してみられよ。「よくやった、ほめてつかわす」のあとに、「其の信念は遂に達成し得ざるに至れり」、それゆえに「謝せんとす」なのだ。生出氏が正しく指摘しているように、「この危機を救いうるものは、大臣でも、大将でも、軍令部総長でもない、もちろん自分のような長官でもない。それは諸子のごとき純真にして気力に満ちた若い人々のみである」と扇動して特攻命令を出しておきながら、危機は救われず、敗けてしまって、いつわりを言ったことになってしまってすまぬ。約束を破ってすまぬ。君たちの死を無駄にしてすまなかった、という意味である。自分がとなえた二千万特攻、徹底抗戦の主張がとりい

れられず、ポツダム宣言は受諾され、降伏という事態になってしまって申しわけないと言っているのみである。君たちを特攻命令で殺してすまなかったとは言っていない。外道を犯して悪かったとは、ひと言も言っていないのだ。外道はあくまで「統率の外道」であって、狂瀾を既倒に廻《めぐ》らすためには許されると信じていた確信犯であって、殺人の罪を犯したとは夢にも思っていなかったのだから当然のことだろう。彼の自決は殺人罪に対する自己懲罰ではなかった。あくまで約束が守れなかった、お詫びのしるしとしての自決であった。そういう意味の良心の呵責はあったわけだが、自決によって許される罪ではなかった。

だがその約束たるや、当時の情勢判断からして、大西自身が特攻作戦によって必ず勝てると信じていたとは考えがたい。まったく信じないで扇動したとすれば詐欺であるが、事実はおそらくその中間であったろう。だから心のやましさは当初からあって、神だなどと極端な言葉も出てきたのだろう。扇動を信じてくれる神様のような「純真」な若者たちであってほしいという願望から出た言葉かもしれない。ともかく必勝から「勝たないまでも負けない」とか「白虎隊」などと変転していって約束は反古にされざるを得なかった。必勝の信念とはそういうものであった。戦中この語を用いる人間は、東條首相以下すべて心にもない嘘を言っていると、学生だった私は確信していた。本当に信念のある者が毎日のようにくりかえす言葉ではないからである。

男も中年になって、ある程度の社会的地位が得られると、若い人たちに説教したくなることが多い。政治家、実業家、作家、タレントその他著名人で説教癖のないほうが珍しいくらいだ。「若者に与う」式の説教に、私が辟易したのは遠い昔のことになってしまったが、大西も死に際にそれをやっている。

「一般青壮年に告ぐ」と、二・二六事件の香椎浩平戒厳司令官の告辞「兵に告ぐ」を連想させる書き出しで、「日本人たるの矜持を失ふ勿れ」などとご大層な説教だ。おまけに統率の外道を人倫の外道と思っていないから、みずからの死後も「特攻精神を堅持」せよと、特攻命令の正当性を「堅持」するのである。そして「日本民族の福祉と世界人類の和平の為、最善を尽せよ」と、またしても命令調だ。威張るのもいいかげんにしてくれ、と言いたい。海軍中将の位がどれほどえらいものか知らぬが、こんな口のききかたをされるいわれは当方にはなかったのだ。しかしこういう横柄な発言が、前にあげた人たちの感心するように、かえって多くの人びとには、山上の垂訓ではないが「あたかも権威あるもののごとく」聞こえるのだろうか。彼の遺書に対するこの点の批判は聞いたことがないのである。

それにしても大勢の若者たちを殺戮した人間が、「諸子は国の宝なり」とはよくもいえたものだ。特攻隊員は生きたまま「すでに神で」あった。生き残った「一般青壮年」は「国の宝」か。ごますりもいいところだ。今度は「生きながらの神」でなく「国の宝」とおだてておいて、「特攻精神を堅持」させようというのか。彼は死後も「特攻長官」（生出氏前掲書の表題）でいるつもりであったようだ。

海軍だけにかぎらず、軍隊は閉鎖的社会で、それ以外の世界を娑婆とよび、外から入ってきた人間を、職業軍人たちは娑婆の風を追い出すのだといって、リンチに明けくれた話は後述するように枚挙にいとまがない。宇佐空の特攻隊員であった前記の辻井弘氏も、予備学生出身だったため、スペアのくせに海兵出と同じ少尉だからというだけの、理由にならぬ理由で殴られ、歯を折ってもリンチはやまず、ラグビーで鍛えた体であったが、病院に運ばれて入院したこともあったという。何を好んでスペアになったりするものかと、言いたくても言えるものでなかった。大西中将は海兵出の職業軍人として、特攻作戦の頂点に位置し、ほとんどスペアばかりの特攻隊員たちに大号令した。今度はみずからの死を前にして「一般青壮年に告ぐ」と前と同じように大号令するつもりだったのだ。だが海軍中将の位は娑婆では通用しない。軍隊の中では大将の下で少将の上かもしれないが、娑婆では少将や少尉のほうが上かもしれず、無位無冠の者のほうが上かもしれないのだ。娑婆の一般青壮年――その中には当時の私もふくまれていた――は、何も大西に大号令され、訓示を賜わるいわれはなかった。「殺す勿れ」とモーゼが言ったのなら納得もできようが、大西の「失ふ勿れ」という言い草には反感しか感じない。もし大西が本当に心の底から「一般青壮年」に右のことを言いたかったのなら、次のようにでも書くべきであったろう。

「次に一般青壮年諸子に訴ふ。われ今なほ抗戦継続を欲するも、聖旨に副ひ奉らざる軽挙は利敵行為なるを思ひ、死を決意す。諸子も聖旨に副ひ奉りて自重忍苦し、軽挙を慎しみ給はんことを、乞ひ願ふものなり。隠忍せらるるとも日本人たるの矜持を失ひ給ふこと勿れ。諸子は国の宝なりと信ず。平時に処して猶ほよく特攻精神を堅持し給ひ、日本民族の福祉と世界人類の和平の為、最善を尽し給へかし」

彼は言葉づかいを知らなかったばかりでなく、最期まで姿婆に対して尊大であったということだと思われる。

大西の死は多くの人がたたえるところである。それは他の甦死すべき人びとが口実をもうけて死ななかったことと、きわだった対照である。今さら自殺が罪悪だという道徳は、ここでは通用しない。あれだけの殺戮を続けたのだからだ。自決は彼にとって正しい道であったと私も思う。生き残って菩提を弔いたいといっても、多くの人は口実ととっただろう。生出氏は次のように書いている。

「大西の厳しい自決は、日本海軍の矜持を示し、名誉を守ったものであった。

私は、大分県の高橋保男に聞いてみた。

『大西さんが腹を切って自決したことはどう思いますか？』

『当然ですよ』

玉井副長が仏門に入ったことを『卑怯《ひきょう》ですよ』と言った高橋は、電話の向こうで断定した。そこには、死んで行った多くの戦友にたいするつよい思いが込められているようであった。

たしかに、大西の自決は当然のことであった。しかし、特攻にかかわった陸海軍の指揮官、参謀たちで、当然のことをした者はほとんどいない」（前掲書）

ここで昭和二十年四月十二日、第二七生隊として鹿屋から沖縄方面へ出撃散華された京大生林市造海軍少尉のお母上の言葉を書いておきたい。その前に林少尉の遺書を紹介する。

「お母さん、とうとう悲しい便りを出さねばならないときがきました。

　親思ふ心にまさる親心今日のおとずれ何ときくらむ

この歌がしみじみと思われます。

ほんとに私は幸福だったです。我ままばかりとおしましたね。

けれどもあれも私の甘え心だと思って許して下さいね。

晴れて特攻隊員と選ばれて出陣するのは嬉しいですが、お母さんのことを思うと泣けて来ます。

母チャンが私をたのみと必死でそだててくれたことを思うと、何も喜ばせることが出来ずに、安心させることもできず死んでゆくのがつらいのです。

私は至らぬものですが、私を母チャンに諦めてくれ、ということは、立派に死んだと喜んで下さいということはとてもできません。けど余りこんなことは云いますまい。母チャンは私の気持をよくしって居られるのですから」

「母チャン、母チャンが私にこうせよと云われた事に反対して、とうとうここまで来てしまいました。私として希望どおりで嬉しいと思いたいのですが、母ちゃんのいわれる様にした方がよかったかなあとも思います。（母君は陸軍をすすめたという＊引用者註）

でも私は技倆抜群として選ばれるのですからよろこんで下さい。私達ぐらいの飛行時間で第一線に出るなんかほんとは出来ないのです」

「エス様もみこころのままになしたまえとお祈りになったのですね。私はこの頃毎日聖書をよんでいます。よんでいると、お母さんの近くに居る気持がするからです。私は聖書と讃美歌と飛行機につんでつっこみます。

それから校長先生からいただいたミッションの徽章と、お母さんからいただいたお守りです」

「お母さんは偉い人ですね。私はいつもどうしてもお母さんに及ばないのを感じていました。お母さんは苦しいことも身にひきうけてなされます。私のとてもまねのできない所です。お母さんの欠点は子供をあまりかわいがりすぎられる所ですが、これはいけないと云うのは無理ですね。私はこれがすきなのですから。

お母さんだけは、又私の兄弟達は、そして友達は私を知ってくれるので私は安心して征けます。

私はお母さんに祈ってつっこみます。お母さんの祈りはいつも神様はみそなわして下さいますから。

この手紙、梅野にことづけて渡してもらうのですが、絶対に他人にみせないで下さいね。やっぱり恥ですからね。もうすぐ死ぬということが何だか人ごとの様に感じられます。いつでも又お母さんにあえる気がするのです。あえないなんて考えるとほんとに悲しいですから」

「出撃が明朝に極り、あわただしくなり落着かないのですが、せめて最後の言葉を甘えたいと思って居ます。

内のこと思い出すと有難くて涙が出るばかりですから、もうこのことについてはかきますまい。私がその中に居たことが嬉しいのです」

「今桜がさかりですね。校庭にもつくしが生えていましょう。春休みがなつかしいですね」

「梅野にきてもらってチャートにコースを入れて居ます。博多上空をとおります。宗像の方もとおりますから。桜の西公園を遠目に遥か上空よりお別れをします。

お母さん、でも私の様なものが特攻隊員となれたことを喜んで下さいね。死んでも立派な戦死だし、キリスト教によれる私達ですからね。

でも、お母さん、やはり悲しいですね。悲しいときは泣いて下さい。私もかなしいから一緒に泣きましょう。そして思う存分ないたら喜びましょう。

私は讃美歌をうたいながら敵艦につっこみます。

まだかきたいこともありますが、もうやめましょう。
お母さんは私を何もかにも知って居られるのですから、私の気持はお母さんがお思いになるとおりに考えて居ました。軍隊という所へ入っても私は絶対にもとの心を失いませんでしたから。甘える心だけは強くなりましたが。

お母さん。くれぐれも身体を丈夫に長生きして下さい。お願いします」

「変な手紙になりましたが、書きなおすのもめんどうだからこのまま出します。お母さん、くれぐれも身体に注意して下さい。お願い致します。

出撃前日　　　　　　　　さよなら

市　造

母上様

姉上様」

（『日なり楯なり』一九九五年、櫂歌書房）

長文のため、一部を省略せざるを得なかったことをお許しいただきたい。朝鮮の元山から鹿屋へ出撃する直前に書かれたこの手紙は、軍の検閲を避けるため、内地へ向かう友人の手から手を経て、福岡のお母上のもとにとどけられた。だがその時すでに彼の戦死は戦友によって伝えられていたのであった。一九九五年（平成七年）八月十五日、当地神戸の4チャンネル毎日放送「モーニングアイ〈終戦の日スペシャル〉」に出られた林少尉の姉上加賀博子さんのお話と、取材のアナウンサーによると、散華の知らせを聞かれた母上は「市造はもうこの世にいないのね」とくりかえしつぶやいておられた。日が経つにつれ心身憔悴のきわみ、髪の毛は真白にかわりはて、やつれた体になりふりかまわず、まるで幽霊をみるようで、周囲が心配したという。それでも訃報の前に手紙がとどいていたら、生きてはいられなかったのではないかと姉君はテレビでいわれた。この放送にそのような実例も出るのだが、それについては後章でふれたい。

日頃人前で涙を見せない人であったが、二度だけ声をあげて泣く姿を姉君は見たといわれる。一度目はご子息の遺品がとどいた日の深夜に、それを胸に抱きしめて、「市造、市造」とくりかえし名をよびつつ、泣きくずれていられたという。二度目は敗戦を告げる放送の直後、二階にまつった遺影のところにかけあがり、その前で号泣された。「せっかく特攻で死んだのが、何の役にも立たなかった」「こんなに早く手をあげて、何もかも降参するというのなら、どうして特攻隊など出すことがあろうか」といわれ、

「大西中将には死んでいただく」

と叫ばれたという。日頃おだやかでやさしいお母上の、それまで見たことのない怒りのお姿であった。一九八一年（昭和五十六年）、彼女は八十八歳の天寿をまっとうされた。

「優しくおだやかな顔であった」と姉上は書いておられる（前掲書）。

おなじ戦死でも、特攻死というむごい死にざまをさせられた人たちの遺族にとって、大

西に死んでいただくというのは、共通の思いであっただろう。さきに引用した高橋氏も自決を「当然ですよ」と言われた。だが大西中将が自決しても、遺族の悲しみやうらみは消えるものではない。まして自決したからといって、大西の罪が消えるものでも、許されるものでもない。

しかし大西の自決が賞讃されるわけは、くりかえし言うが陸海軍の首脳部はじめ、責任をとるべき人たちが、免れて恥とせず、戦後を生きのびた厚顔に比して、あざやかな対照となっているからである。「当然」とする意見が右に示されているように、私は彼の選択が正しかったと思う。だが惜しむらくは正しい道を行くのに、あまりにも正義の人らしくふるまってしまったことだ。彼は大声叱咤の遺書をのこし、壮烈きわまりない切腹をして死んでいった。まさに英雄らしい死にざまであった。そのあまりにも英雄らしいポーズに感動する草柳氏、森本氏、生出氏ら多くの人びとが、殺人鬼を英雄にまつりあげてしまうのである。だが私はあれだけの大罪を犯した人の死にざまとしては、大見得を切ったりせず、もっと謙虚な、ひかえ目な態度をとっていただきたかったと思うのだ。

「なんじら断食するとき、偽善者のごとく、悲しきおももちをすな、彼らは断食することを人にあらわさんとて、その顔色をそこなうなり」（マタイ伝）

太宰治の小説『正義と微笑』の主人公は、この言葉から「微笑もて正義を為せ」という信条を導き出した。聖書には同じところに、

「さらばほどこしをなすとき、偽善者が人にあがめられんとて、食堂やちまたにて為すごとく、おのが前にラッパを鳴らすな」

ともある。

大西はラッパを鳴らしつづけた人物であった。最期にのぞんでも、ラッパを鳴らさなければ死に踏みきれなかったのである。その対極の、淡々として多くを語らず、死にのぞんだ一特攻隊員の遺書を次に引用させていただく。

「最後の手紙

お父さん、私は今詫間航空隊（香川県多度津の近く）に来て居ります。今月十二日北浦より特攻隊として当地に来、愈々明日（二十九日）が出撃です。二十五年間色々御苦労をおかけしました。そして何一つ御恩報じする事なく……すべて大義の為です。別に遺言と云ふ様なものはありません。唯浜本の方には呉々もよろしくお伝へ下さい。縁が無かったものと思って戴きたい。

お父さん謹治は、昭和二十年の天長節に笑って死んで行った事をお忘れなき様。

敵艦目がけて突込んだ事を……

随分御無沙汰して居る所がありますが、お父さんの方からよろしくお伝へ下さい。皆さんによろしく。お母さん、彦一兄さんと昨年十月二十五日面会したのが最後でしたね。

彦美と従一をお大事に。

ちえ子もしっかり頑張る様に。

しげ子姉さんもお元気でせうね。

一々名を挙げるとキリがないですから何卒よろしく願ひます。

ではこれでお別れします。

昭和二十年四月二十八日
謹治」

父上様
筆者の山本謹治海軍少尉は早稲田大学出身、神風特攻第一魁隊員として、昭和二十年五月四日沖縄方面にて戦死された。享年二十三歳。言葉で言い尽くせぬ思いというものはあるものだ。草柳氏に「黙って死んで行った」といわれながら、ラッパの遺書をのこした大西中将よりも、「別に遺言と云ふ様なものはありません」と書いた山本少尉の遺書に、私は心をうたれる。

草柳氏は著書に題して『特攻の思想』とされたが、特攻に思想があるとすれば、人間軽視の思想だけだ、というのが私の読後感であった。だがもう一つあるとすれば無神論であろう。彼がしばしば神という語を使ったのは、根柢において彼が無神論者だったからである。後章で詳論するが、神風特別攻撃隊の命名からして、無神論者だからできたようなものだ。その証拠に彼には祈りがなかった。神を知らず、信じない者に祈りはない。ただしこれは戦勝祈願といったありきたりのものを意味するものではない。「成功を祈る」といった慣用語のような意味で言っているのではない。その意味を明らかにするため、祈りのないラッパの遺書に対比される遺書を次に掲げる。

「遺　書
　上
昭和二十年八月十四日休戦ノ
詔書渙発アラセ給フ　遥カニ
大御心ノ程ヲ偲ヒ奉リ　恐懼措《お》ク処ヲ知ラス

大元帥陛下ノ股肱トシテ干城《かんじょう》ノ
任ヲ全クスル能ハス罪当《まさ》ニ万死ニ値ス
皇祖大御神下サセ給ヒシ
御神勅ニ曰ハク
豊葦原ノ千五百秋《ちいほあき》ノ瑞穂《みづほ》ノ国ハ
我子孫《わがうみのこ》ノ王《きみ》タルベキ地ナリト
然ルニ今日　恐レ多クモ
陛下ノ御上ニ夷狄カ司令官ノ存在ヲ許シ
御一人ノ統治シ給フヘキ

大和島根ヲ彼カ軍政ニ委《ゆだ》ヌルニ至ル
関知シマツラスト雖モ遂ニ此処ニ至ル　罪当《まさ》ニ云フヘカラス
事既ニ定マル　肇国三千年未タ夷狄ノ侮リヲ受ケサル無窮
国体ヲ防護シ奉ル能ハス臣カ罪当ニ逃ルヘカラス
大御言葉ノマケノマニマニ国家再建ノ微力ヲ致スヘケレトソノ確信無ク一死以テ臣カ罪
ヲ謝シ奉リ併セテ帝国軍人タルノ栄誉ヲ保タムトス　願ハクハ
魂魄トコシヘニ
祖国ニ留メテ
玉体ヲ守護シ奉ラム　　　　　　　　　　　　　　　　　　　　　　　　微臣
国政ヲ議シ奉ル恐懼ノ至《いたり》言ヲ知ラス
　　　　　　　　　　　　　　　　　　　　　　　　　　恐惶頓首謹言
　　昭和二十年八月十九日
　　　　　　　　　　　　　　　　　　　　　海軍少尉　臣　寺尾博之」
　　　　　　　　　　　　　　　（『いのちささげて』一九七八年、国民文化研究会）

寺尾少尉は神戸市雲中小学校で私と同級であった。高知高校から東京帝大農学部に進み学徒出陣、昭和二十年八月二十日未明、福岡市郊外油山で切腹自決した。二十四歳であった。この際さきに切腹した長島秀男海軍技術中佐の介錯を古式に則って行ない、首の皮がわずかにのこされていた。みずからも古式どおり立派に切腹していたと、検屍した憲兵准尉が報告している。生きのびた米内や井上にくらべて、責任のとり方が一海軍少尉としては、重すぎるといえるが、国に殉ずる心情は、特攻出撃した人びとに通じるものと私は思う。すでに令弟寺尾尚之氏は沖縄特攻で戦死しておられ、寺尾家を継ぐ人はこれで絶えた。しかし神国を信じた彼には神があった。恋闕の情、草莽の志、卒伍の精神、日本人の遠く忘れ去ったこれらの言葉を、私も久しぶりに思い出しながら、この文を綴った。学生時代の彼は、激論をかわした私の論敵であり同志であったのだ。

ここで大西中将とともに、その死にざまと遺書によって、誤って賞讃される宇垣纏海軍中将のことにふれておかねばならない。彼は五航艦司令長官として、特攻命令を出しつづけ、終戦の八月十五日、昭和天皇のポツダム宣言受諾の詔書放送を聞いた七時間後、みずから沖縄に特攻出撃して還らなかった。彼は連合艦隊参謀長として、ミッドウェイ海戦惨敗の責任者であり、レイテの栗田艦隊敵前逃亡の責もとるべき人物であったから、その責をとって自決するというのなら理解できる。また特攻命令を出しつづけた司令官として、散華した若者たちのあとを追って自決するというならわかる。だがすでに帝国陸海軍が連合国軍に無条件降伏することを通告し、それを天皇が放送で国民に伝えた時点で出撃することは抗命の罪を犯すことであった。海軍総隊からも呉鎮守府を通して五航艦に、対ソおよび対沖縄積極攻撃を中止せよとの命令が届いていた。天皇の命令は軍の統率の最高権威であった。承詔必謹は軍隊のみならず、天皇制国家日本における国民の最高道徳であった。いうまでもなくこれは聖徳太子の十七条憲法の第三条「詔をうけては必ず謹め」にもとづく戦中の合言葉であった。宇垣は大日本帝国の国民（当時は臣民といった）としての最高の道徳規範にそむいたのであった。

大日本帝国の道徳に反しても、現代の道徳に反しないのなら別だ。しかし「全日本国軍隊の無条件降伏」の要求（ポツダム宣言第十三項）を受諾することを政府が通告した後に、攻撃を加えることは、相手国に対する約束を破ることである。宇垣のしたことは日本の国家的信用をそこなう国際法違反行為であった。

英人ラッセル・スパーはその著『戦艦大和の運命』（一九八七年、新潮社）にこう書いている。

（宇垣は）「三時間前の天皇の放送を公然と無視し、艦上攻撃機一一機（うち四機は故障した）をもって発進したのである。もし彼の隊が、今や戦勝を祝っていた米艦隊に突入していたならば、再び戦いの火が燃え上がったであろうが、攻撃隊はなんら成果を上げることなく、太平洋のどこかに消えてしまい、神風の敢闘についての奇妙な碑銘になった」

危ないところだった。米軍は警戒体制を解いて灯火管制もしていなかった。そこを攻撃したのだから、大きい戦果があがっていたら、ポツダム宣言受諾までの政府の努力は水泡に帰して、国家は潰滅したかもしれぬ。事実伊江水道に停泊中の艦船と交戦しており、米軍の一部では「またもや真珠湾の二の舞いでジャップのだまし討ちにあった」と憤慨したという記録がある。しかし指揮官機が「ワレ奇襲ニ成功セリ」と打電した事実はあるが、虚報として現在では冷笑的に受け取られるのみで、まったく成果はなかった。それで終戦業務が続けられたのである。

生出氏は次のように書く。

「同日午後五時、第五航空艦隊司令長官宇垣纏中将は、横井参謀長、宮崎先任参謀らの諫《かん》止《し》をふりきり、彗星《すいせい》十一機をひきいて大分基地を発進、沖縄特攻に向かい、そのまま帰らなかった。

『おれに死場所をあたえよ』

と言い張ってきかなかったのである。

部下二十二名を死の道連れにすることについては、

『そうか、そんなにみんな、おれと一緒に死んでくれるのか』と、満足気であったという。

小沢連合艦隊司令長官は、翌十六日朝、航空参謀淵田美津雄大佐（兵学校第五十二期）に、つぎのように命じた。

『大命を代行する以外に、私情で一兵も動かしてはならない。いわんや玉音放送で終戦の大命を承知しながら、死に場所を飾るなどと私情で兵を道連れにすることはもってのほか

である。自決して特攻将兵のあとを追うならひとりでやるべきである』」（前掲書）
真珠湾無通告攻撃の山本五十六、通告をおくらせた駐米大使野村吉三郎海軍大将、大使館員の寺崎英成らが戦犯第一号とすれば、宇垣は最後の戦犯とさるべきものであった。
しかも敗戦と決まって、戦争が終結したあとの特攻は完全な犬死である。宇垣はみずから飛行機を操縦することができない。自決のために特攻出撃するにも、操縦を他人にたのまねばできないのである。少なくとも一人の道連れが必要であった。五航艦の司令部は鹿屋だったが、この日、宇垣は大分基地に来ていた。同じく直前に宇佐空から大分派遣隊長として来ていた中津留達雄大尉に、白羽の矢が立ったのは、その二つの偶然が重なったからだといわれている。来たばかりだったのに先任将校として、中津留大尉は宇垣機の操縦を引き受けざるを得なかったのだ。みな死に場所を得たよろこびに満ちて出発したと書く隊友会の人もある。だが中津留大尉の戦友脇田教郎氏は「随筆かごしま№57」に、中津留夫人からもらった手紙を引用して、次のように書いておられる。
「主人は生まれた子供の顔も碌に見ないで死にました。戦死の二週間位前、娘のお七夜に一寸顔を見せただけでした。――矢張り本当だったのだ。多くの部下を死なせた長官が米艦突入を決意される気持ちは分からぬでもないが、一人静かに自裁されれば済むこと、何故道連れが必要か、中津留君は一人息子と御承知か、愛嬢が生まれたばかりと御存知かと長官を詰問したくなる」

宇垣には自決すべき理由があった。だが同行した隊員たちには、宇垣と同じ理由はなかった。なぜついて行ったのか。一つには司令官に対する敬愛の情が考えられる。思慮は杜撰、行動は乱暴な提督であったが、男の世界では惹《ひ》かれるところがあったのかもしれない。司令官の特攻ということに感動した人もいただろう。だがもはや義務として出撃する必要のなくなった戦後に、なぜあえて同行したかという疑問はのこる。多くの戦友を見送った者として、彼らにおくれて生きのびることを、いさぎよしとしない気持ちはあっただろう。あるいは勅命に抗してまでも、敵に一撃を加えて死にたい。抗命の罪は死によってあがない得ると考えたかもしれない。

文久二年（一八六二年）四月二十三日、伏見寺田屋に会合した薩摩藩討幕急進派数名を、藩主島津久光から上意討ちの命をうけた刺客が急襲し、有馬新七のような有能な人物が殺された。世に言う寺田屋事件である。今もその旅館の柱には、当時の刀痕がのこっているという。この時、同志の急をきいてかけつけた男が、すでに襲撃者が目的を達して引き上げたあとと知るや、いきなり気合とともに大刀を抜いて、一太刀二太刀と柱にきりつけ、そのあと刃をみずからの腹に突き立てて死んだという。宇垣に同行した若者たちの心理、衝動は、この男のそれにかようものがあると思われる。どちらも若かった。今しばらく仮すに時をもってすれば、祖国の前途を憂うる人材のことである。軽挙は防げたであろう。宇垣の特攻の意思表示は、それ自体が扇動となったことで、罪深いといわねばならない。

たとえ部下から先に犬死特攻を申し出たとしても、それを説得し、制止するのが司令官としてとるべき態度であり、義務であった。

大西のように割腹するなら道連れを必要としない。拳銃を用いたとしても同様である。深層心理において、宇垣は一緒に死んでくれる人がほしかったのである。口に出して言わないが、そのために一人ではできない特攻死という方法を選んだということだ。最期の場面で、彼は一人では死ねない弱い人格であったということである。だから思ったより多い人数に「満足気」だった。それまでの見せかけの勇猛さは、そのコンプレックスを裏返しにした権威主義の振りまわしにすぎなかったと考えられる。

私兵特攻という声は、前記隊友会の人たちからもきかれた。司令官といえども、自己の恣意で兵を動かし、攻撃させることは許されない。昭和十一年二・二六事件の時、上官の命を受けずに兵に命令し、重臣たちを襲撃させた大尉クラスの将校たちは、みな死刑の判決を受けて銃殺された。宇垣は軍法会議にはかけられなかったが、死後の進級はなかった。同行した部下二十二人のうち、死者の十六名は特攻として布告されず、一般戦死者のあつかいで、一階級の進級が与えられた。特攻の場合はすべて二階級特進だったのだ。

森本忠夫氏も『特攻』で宇垣を批判して、次のように書く。

「宇垣中将の行為は、彼の背負ってきた業を、彼一人で清算すべきであったものを、いたずらに有為な部下を道連れにした点で、特攻の青史に濁りを残すものであった。もし、彼ら日本の若者達が生き残っていれば、戦後における祖国の再生のために渾身の力を尽くしたはずであり、宇垣中将が自らの死のみに焦点を当てて静思していたとすれば、道連れの悲劇は防げ得たはずであった」

大西が遺書の中で「軽挙は利敵行為」だから、してはならぬ、「自重忍苦」せよと、みずからの命にかえていましめたことに宇垣はそむいて、してはならぬことをしてしまったのである。同じ自殺行為でも、大西と宇垣とでは、天地の差があったといわねばならない。ところが今でも大西の自決と宇垣の私兵特攻を同等に賞讃する声の多いことは、不思議な話である。前に林市造少尉のことが出たテレビ放送の「モーニングアイ〈終戦の日スペシャル〉」で、ゲスト出演された海軍特攻生きのこりの大貫健一郎氏は、陸軍特攻の司令官は責任をとらなかったが、海軍では大西中将が自決し、宇垣中将は特攻死して、責任をとったと話された。だがこれは巷間伝えられることに影響された誤りで、いたし方ないとも思われる。

だが海兵出身の作家として、多くの戦記を書かれ、戦争について専門家と思われる豊田穣氏が、一九七二年（昭和四十七年）特攻戦死者遺書朗読をあつめたクラウンレコードに、大西、宇垣両中将の遺書を続けて朗読して吹き込んでおられるのはどういうわけだろうか。このレコードは最近ＣＤにされて出ているというが、おそらくそれにも収録されているだろう。豊田氏は両者の自殺行為を同等に賞讃していられるのだろうか。少なくとも肯定されるから、みずから両者を朗読して吹き込まれたのであろう。氏は宇垣の最期を犯罪行為と認めないから同等にあつかったわけだ。宇垣の行為は軍紀の頽廃を示すものだが、それを肯定される豊田氏にとって、旧軍人時代の軍紀はそんなものだったのか。豊田氏の作家としての価値観とともに、軍人としてのモラルが疑われるレコードである。

氏は遺著の野村吉三郎海軍大将の伝記（一九九五年、講談社文庫）に『悲運の大使』とタイトルをつけられた。戦犯第一号となるべき国際法違反の無通告攻撃に加担した責をとらなかった彼のために、日本は世界的信用を失ない、連合国の強硬方針に苦しむことになったのである。日系米人の強制収容も、無通告攻撃の報復といわれている。そして戦後五十年の今も、それは原爆投下の正当化にまで利用されているのである。海軍出身者は身内をかばうものだが、国民不在、国益不在のかばい方は許さるべきでない。

宇垣は私兵特攻の機上にあって、すでに司令部に用意させていた次の原稿を遺書として発表するよう打電した。

「過去半歳に亙る麾下各隊の奮戦に拘らず、驕敵を撃破し神州護持の大任を果すこと能はざりしは本職不敏の致すところなり。本職は皇国無窮と天航空部隊特攻精神の昂揚を確信し、部隊々員が桜花と散りし沖縄に進攻、皇国武人の本領を発揮し驕敵米艦に突入撃沈す。指揮下各部隊は本職の意を体し、来るべき凡ゆる苦難を克服し、精強なる国軍を再建し、皇国を万世無窮ならしめよ。

天皇陛下万歳。

昭和二十年八月十五日一九二四　機上より」

（宇垣纏『戦藻録』一九六八年、原書房）

「驕敵米艦に突入撃沈す」などと、皇国少年といわれた当時の小中学生が読んだら、手をたたいて喜んだろう血湧き肉躍る名文であるが、時おそく彼らの目にふれることはなかった。やはり大西と同じく、特攻命令を出してすまなかった。悪かったとはひと言もいっていない。力いたらず敗れたが、さきに行った特攻隊のあとに続いて突入する。あとをたのむ。というのだが、ラッパの音は大西以上であった。彼もまたラッパを鳴らさなければ死ねない人間であった。せっかく戦後まで生きのびた若者の命をうばう罪の意識はまったくない。透徹した信念の下に行動しているかのようだ。だからポツダム宣言の降伏条件に希望をつないでいる天皇の地位を、根本から危うくする破壊的行動に出ていながら、天皇陛下万歳などといえるのだ。大西中将がそばにいたら叱りつけていただろう。それでも言うことをきかなければ、「叩っ斬って」いたかもしれない。同じラッパでも、大西と宇垣とでは雲泥の差があった。

宇垣とは対極的な遺書を、私は八月十七日未明に自決した森崎湊海軍少尉候補生に見る。彼は満洲国の新京（現在の長春）にあった国立の建国大学に入学後、昭和十九年八月志願して海軍予備学生となった。三重航空隊に入隊後、志願して特攻要員となり、終戦を迎えた。十六日深更、書き終えた遺書と短刀を携えて、航空隊近くの香良洲浜に行き、割腹自殺した。死亡推定時刻は午前三時、二十一歳であった。遺書は次のとおりである。私事にわたる終わりのところは省略させていただく。

「両親様

先立つ不孝御許下さい。二十年間御苦労かけ放しで何一つ御仕へもせず、又々深い悲みを御かけ申す事、返す〳〵の親不孝何卒御許下さい。

御国の御役にも立たず、何の手柄も立てず申訳ありません。死んで護国の鬼となります。私は生きて降伏する事は出来ません。私が生長らへてゐたら必ず何か策動などして、恐れ乍《なが》ら和平の大詔に背き奉り、君には不忠、親には不孝と相成る事目に見えるやうであります。

日本はこれからどんな辛い目に逢ふことでせう。御両親様はどんな悲しい目に逢はれることでせう。それを思ふと、覚悟も鈍ります。然し私が生きてゐたらきつと和平を破り国策に反し、延いて累を眷族に及ぼすに至らん事を恐れます。湊の魂は必ずや父上母上の傍に参ります。アメリカが来たら御傍離れず御護り致します。どうか御心を安らかに持たれて、日本が再び立ち直る日まで御長命下さい」

宇垣とはまったく正反対の人物を私はここに見出す。「撃ちてし止まむ」の敵愾心は、森崎も宇垣におとらなかっただろう。宇垣以上であったかもしれない。だが承詔必謹の森崎は、その敵愾心が暴発して勅命にそむき、皇位を危うくし、国家を害する結果となることをおそれるあまり、敵に向ける刃をみずからに向けたのであった。宇垣は敵に刃を向けなければ、みずから死ぬことができなかった。しかもラッパを吹き鳴らして……。豊田穣氏はじめ世の人の多くは今もラッパの音に感心する。大袈裟な美辞麗句に英雄をみる。だがみずからの魂の中の相剋を掘りさげ、命がけの内省のはての祈りと死。戦後みられなくなった日本人の一典型を私は森崎候補生の遺書から感じとるのだ。せめてもう一夜、思惟をめぐらす時間を天が与えてくれていたら、われわれの国の戦後は、すばらしい人格を一人失わずにすんだかもしれないと、くやまれてならない。建国大学は興亜を建学の目標にかかげた唯一の大学で、彼が入学する四年前の昭和十三年、開学したばかりのころ、学生として私もしばらく籍をおいたことがある。いわば同窓という思い入れを感じつつこの文を書いてきた。学生時代の彼の写真を見ていると、風丰《ふうぼう》がそのころの私に似ているのを感じて、親近感がわいてくる。ひとりで死ぬことのできた彼は、少なくとも宇垣よりは強い人間であった。

第六章　大西中将はなぜ切腹したか——（その二）精神分析

大西中将の伝記を読んで感じることは、彼がたぐいまれなサディストであったということである。彼が最後まで特攻をやめなかった理由の一つがこれであった。普通の人間なら途中で特攻命令を出すのがいやになって、やめてしまっただろう。だが彼のサディズムがそれをかりたて、最後の最後までやめさせなかった。もともと海軍では、殴ることが精神教育のすべてであったようにいわれている。実松譲著『海軍人造り教育』（一九九三年、光人社）にはきれいごとばかりが書かれて、スマートな海軍というイメージだけが見え見えであるが、これが表向きの顔にすぎないことを示す手記は、戦後おびただしく出版されてきた。士官を養成する海軍兵学校においても、水兵の教育においても、上級の者が下級の者を徹底的に殴るのが普通であったという。最も陰湿なやり方は、隊員を二列に向かい合わせに並ばせ、自分の前の者と殴り合いをさせたやり方である。城山三郎氏の『一歩の距離』には、理由にならぬ理由のこじつけで、予科練の少年たちがそれをやらされる場面がある。

「拳を固めろ。良しと言うまで往復ビンタ、カカレー」と号令して、殴り方が手ぬるいといっては「軍人精神注入棒」と呼ばれるバットで「薙ぎ払」い、殴られたほうにも「きさま、そんな撲られ方をしていて、いいと思っていたのか」とバットで殴る。すると「練習生たちの撲り合う音が激しくなった」。

この軍人精神注入棒を私が見たのは、昭和二十年四月大阪藤永田造船所にいたときであった。倉庫内の臨時診療所で、私が駆逐艦乗組訓練中の水兵たちの診療をしていたとき、監視のためか入ってきた二人の古参兵の、一方が持つ天秤棒のようなものの中央部に、軍人精神注入棒と墨で書いてあったのだ。注射器で薬を人体に注入するように、棒で軍人精神を注入するという、海軍の唯物思想におどろいた。見ていて無性に腹が立ってきて、「犬殺しのようなものを持ってきたりするな、出ていけ」とどなってしまった。二人があっさり出ていったあと、傍らにいた先輩の医師が「あんたは軍隊というものを知らないから、あんな無鉄砲なことをしたが、下手をすると半殺しの目にあわされるところだったんですよ。あの二人は比較的年をとっていたから、何も言わずに出ていってくれたと思うが、気をつけないと危ないですよ」と忠告してくださった。空襲の合間で気が立っていたせいもあるかと思うが、さとされた事柄はまったく私の知識の外であったので、ゾッとしたものである。

『一歩の距離』にもどるが、ある下士官が上官の所用で当直になり、遊びに行けなくなった腹いせに、練習生たちを殴りまくるシーンは、説教の文句とともにすさまじい。

「それが、点呼直後に爆発した。全員整列。東二曹は、樫の棍棒を持って仁王立ちになった。まず一番手近にいた練習生が、いきなり二発撲られて、引っくり返された。

『きさまたちを海軍軍人にするには、これしかないんだ』

珊瑚海海戦生き残りという二曹は、酔いの噴き出た真赤な顔で怒鳴った。

『帝国海軍が何故強いか知っとるか』

棍棒で床を突いた。

『日本海海戦当時の東郷艦隊とバルチック艦隊の差は、何処に在ったと思う。……これだ、バットだ。我が東郷艦隊には、バットがあり、バルチックにはバットがなかった。その差が勝敗を決した』」

「ハワイ空襲の前夜、『全員死んで来い』と、搭乗員に、バットをくらわせた。搭乗員達は、帰って来たらまた撲られる、いっそ突っ込んだ方がいいという気になった。だからこそ、あの赫々の大戦果があがったんだ」

そして仲間の一人は動けなくなるまで叩き伏せられ、それがもとで死んでしまった。

学徒出陣の予備学生の例は、神津直次氏が前出の『人間魚雷回天』にくわしく書いている。

「『わが輩は海兵四年、候補生半年、少尉一年、中尉一年半、ようやく大尉になったんじゃ！　それを一年で少尉になりおって。貴様たちの襟の桜はルーズベルト（当時の米国大統領）に貰ったものじゃ。今からチューシャ（注射）をしてやる。カカレ！』

『てやんでえ。ほしくて貰った桜じゃねえや。くれるというから貰っただけだい。それを目のカタキにしやがって』

そんなことを考えているひまに足を開いて歯を喰いしばらなくては、海兵出の少尉さんたちが一〇人以上もかかってきやがる。今日は一人六〇発はやられるな。

同工異曲がもう一つ。

『貴様たちは、なにしに海軍にやってきた』

『手が足りないから助けにきてくれと言ったのはどっちだ。助っ人はいらねえなら家へ帰しゃあいいだろう』

それでも五〇発。

武田五郎（八期）いわく『われわれはまさに招かれざる海軍少尉だった』

「『当隊は軍紀厳正なること大和武蔵以上！』

これも四〇発の修正の前口上である。べつに、われわれが軍紀違反をしたわけではない。上官サマの虫の居どころの問題だ。

きっと大和でも武蔵でも、さんざん新兵いじめをしたんだろう。だから武蔵はあっさり沈み、大和は使いみちもなく呉軍港で寝てるんだ。味方を殴るひまがあったら、ちったあ敵をやっつける工夫でもしたらどうだい。

こんなこと本当に口にだしたら、戦死する前に殴り殺されていただろう」

「海軍には徹底的な肉体的制裁だけが、強い兵隊をつくる唯一の方法なのだ、という迷信がはびこっていた。そこで下士官以下のあいだでは苛烈、残酷な制裁がおこなわれた。士官は、みずからは手をくださなかったが、やはりその迷信に染まっていたから、下の者の行為を黙認していた。

回天隊に予備学生というエタイの知れぬ者がチンニュウしてきたとき、海兵出の士官たちは惰弱な学生あがりに対するには、あのやりかたを適用するのが最善と信じ、兵隊を殴る下士官の役を自分たちで引き受け、実行したのだった。

だが制裁を受けた私の心の中はどうか。第一に『帝国海軍』なるものを骨の髄から嫌いになった。海兵、海機出身者を心の底から憎むようになった。

その次に考えたことは『畜生！　実力で見返してやる』だった。そう考えるよりほかないところに追いつめられていた。しかし、これこそ彼らの思うツボだったのではないか」

「渡辺清（戦艦武蔵乗組員、戦後わだつみ会事務局長）の著書『海の城』（朝日選書）によると、海軍には次の言葉が伝わっていたという。

『太鼓は、叩けば叩くほど、よく鳴る。兵隊は、殴ればなぐるほど、強くなる』」

「中庭をへだてた、むこうの棟から、ただならぬ気配が伝わってきた。灯火管制の暗幕におおわれた宿舎から、一歩外にでれば真の闇だった。その闇に踏みだした私の耳に聞こえてくる、怒号と鈍い打撃音。続いてのズシンという、なにかが倒れる重苦しい響きは、そこで激しい修正（制裁）がおこなわれていることを示している。

光に到着してから、まだほんの二日か三日しかたたぬころのことであった。あの音のする部屋は、私たちよりすこしはやく、九月初旬に回天隊員となり、今や連日出撃訓練に明け暮れている、水雷学校出身の同期の者たちの部屋にまちがいない。

明日の日にも魚雷と化して死んでゆく男たちが、なんであんなに残酷なリンチにあって苦しまねばならないのか。ただでさえ暗い私の心は、さらに深く闇に沈んでいった。

それは四期士官講習員に対して、R（海機出身。のち出撃戦死）が加えている修正（制裁）だった」

「だが翌朝に会った彼ら四期士官講習員の顔はさわやかだった。その深く澄んだ瞳には、昨夜の嵐の影さえ宿していなかった。特攻隊員になることは、あの瞳になることなのか。そこにはもう、生きながら人間のすべての業を解脱している姿があった。

これはえらいことになった。あそこまで悟りきらねば、ここの隊員はつとまらないとしたら、俺はいつになったらそうなれるのだろうか。実際の話、私はいつまでたっても彼らのようにはなれなかった。

全員が出撃して戦死してしまった、あの部屋の人たちに、四〇年たった今でも私は畏敬の念を抱いている。

彼らより一歩遅れて、戦いにまにあわなかった回天隊員となり、生き残ってしまった身が、おそれげもなく回天隊のことを書きしるすのに、うしろめたさを覚えざるを得ない」

男ばかりの世界で、性的な不満がサディズムにはけ口を見いだした典型である。兵を鍛えるとか、強くするとかいうのは、まったく口実にすぎなかった。

だが神津氏は海兵出身者のなかにも、無意味な暴力に抗した人格者のいたことを、書き残しておくことを忘れない。東京府立九中で氏の一年上だった久住宏中尉（海兵七十二期）のことである。

「大津島にいたとき、予備学生を殴ろうとする上職者（海兵七一期）の前に立ちふさがり『待ってくれ』と制止したため、彼自身がめちゃくちゃに殴られ、ついに殴り倒された話は、下士官搭乗員の中で語りぐさになっている」

久住中尉は昭和十九年十二月三十日、パラオ島コッソル水道でイ五三潜水艦から発進したが、気筒爆破のため、一度浮上したのち、海中深く沈んでいった。

「気筒爆破を起こした回天は、多くは自然に浮上する。沈下したのは久住中尉自身の操作によるものである。彼は『このまま浮上すれば、敵に潜水艦の所在を教えることになる。自沈するほかない』と考え、ハッチを開け、艇内に海水を入れて、生きながら海底深く沈んでいったのだ。

苦しい訓練を続け、いよいよ敵を眼前にしながら、ついに壮図はならなかった。この悲劇の瞬間に、なんたる沈着。なんたる自己犠牲。

回天の戦果として記録されたものと、米軍の沈没または破損艦艇記録とは、一致しない点が多い。敵にせまりながら撃沈されたり、敵の逃げ足に追いつけず、自爆してはてたケースが多かったのかも知れない。

だが、自爆してひとおもいに死ぬことすら許されず、生きながら沈んでいった久住中尉の死は、彼の崇高な精神を物語るものとして、永く記録にとどめておきたい。

久住中尉が出撃直前に書いた遺書の一節を記す（回天刊行会編『回天』より）。

『私の事が表に出る如き事あらば、努めて固辞して決して世人の目に触れしめず、騒がる事無きやう。……願はくば君が代守る無名の防人として、南溟の海深く安らかに眠り度く存じ居り候。

命よりなほ断ち難きますらをの名をも水泡《みなわ》と今は捨てゆく』」（神津直次、前掲書より）

大君の辺にこそ死なめ、わだつみの底を「大君の辺」と思いかしこみ、祈りつつ逝った古代日本人そのままのような若人がいたことを、われら忘れてよいものだろうか。

海軍兵学校の中で上級生が下級生を殴ることは日常のことで、最上級の一号生徒の権力は絶大であった。彼らは殴られて殴られて殴られることで鍛えぬかれた――と思って――卒業した。海兵出身者に、はたして殴り甲斐、殴られ甲斐があったか、きいてみたいところである。私のような部外者には、正しい判断がむつかしいと思うが、少なくともサディストの養成に役立ったことは確かだということができる。サディズム――主体が自分の対象に苦痛を加えることによって性的快感を得るのだという性的倒錯（ライクロフト『精神分析学辞典』一九九二年、河出書房新社）――は、特定の人のみのものではなく、強度の嗜虐症から、ほとんどその傾向のない者まで、程度の差があるのみといわれる。深層心理にサディズムの傾向があっても、それが意識面に出るとき、社会的に有用な形に昇華されれば美点となり、反社会的な形であらわれれば犯罪となる。軍人は職業上サディズムの心理的傾向が一般より強いと思われるが、良い形であらわれれば山口多聞海軍少将のような勇将となり、最も悪い形であらわれれば殺人鬼のような暴将となるのである。

サディストは本来攻撃的性格であって、その攻撃の対象は他とともにみずからにも向けられる。みずからをいためつけ、必要以上に自分の身を危険にさらして楽しむ傾向がある。それはフロイトが死の本能から説明するものでもある。フロイトによれば、サディズム（加虐性）とマゾヒズム（被虐性）とは相互に反転する。攻撃性が他に向けられるのはサディズムであり、自分に向けられて満足が得られるときはマゾヒズムである。一般に加虐的傾向をもつ人は、被虐的傾向をももつといわれる。表裏一体として、サド・マゾヒズムともいわれるのである。伝記の作者が大西の英雄像をつくりあげてゆく材料となった数々の逸話は、そのまま彼がサド・マゾヒストであったことを示すものにほかならない。

「冬は猛烈に寒い」という兵庫県柏原中学の同級生だった大城戸三治陸軍中将の回想によると、「二人で学校の裏手にある高鉢山に登った。雪の深い日だった。脛まで埋りながら雪を泳いでゆく大西は、裸足に下駄を突っかけた姿であったという」（草柳、前掲書）。みずからをいためつけるサド・マゾヒズムの萌芽といえよう。

昭和十四年漢口基地の第二連合航空隊司令官時代に、大西大佐は奥地の蘭州爆撃に際して、たびたびみずから偵察にも爆撃にも参加した。

「福元参謀が、

『自重してください』と諫《いさ》めると、

『おれが死んでも後を継ぐ者はいくらでもいるよ』と笑っていた。

福元は戦後、つぎのように述懐している。

『司令官はこの中支奥地航空作戦の長い期間中、しばしば陣頭指揮に出て行きました。それも最先端の指揮官機よりも、よく最下級の搭乗員が操縦する飛行機に乗って行ったものです。敵にいちばんやられる飛行機です。部下とともに死地に飛びこもうとしたんです』」（生出、前掲書）

同じような逸話は多いので省略するが、若いころから難行苦行をいとわなかった大西が、海兵の激しい訓練に、課せられた以上のことをみずからに課したことは想像にかたくない。そして戦場にあっては、最も危険なところに身をさらすことを、いとわなかった。これは率先垂範という意味づけもあるだろうが、彼の本性からの行動でもあったと思われる。

サディズムの極点は殺人であり、マゾヒズムの極点は自殺である。いずれにしてもフロイトのいう死の本能にかかわってくる。

「死本能は、憂鬱症患者や哲学者の悲観的な瞑想よりは、命知らずの乱暴者の不敵な振舞いのなかに一層明瞭に現われているようだ。アレキザンダーが指摘しているように、登山者、自動車競争選手、高層建築物の掃除人たちが、必要以上に自分の身を危険に曝らして楽しんでいるのは、これよりほかに説明のしようがないようである」（カール・A・メニンジャー『おのれに背くもの』一九六三年、日本教文社）

「大西は命知らずの無謀なことを平気でやる男とよく言われるが、考えられるだけのことを考えてから実行していたようである。

たとえば、ガソリンの匂《にお》いがぷんぷんする木製飛行機のなかでマッチに火をつけてタバコを吸うとか、落下傘を二つ背負い、はじめ一つをひらき、途中でそれを捨てて別のをひらいて降下するなどの逸話が、大西の怖いもの知らずの性質を示すものとして語り伝えられている。しかし、そのようなことも、大西にすれば計算ずみだったようである。それにしても、並の度胸ではないこともたしかである」（生出、前掲書）

この並の度胸でないところが、サド・マゾヒストである証拠なのだ。

攻撃性が他へ向けられた一例は、大西が比島から台湾へ転属を命ぜられたときのことである。飛行機がなくなって陸戦隊となる将兵を残し、昭和二十年一月十日未明、クラーク基地から司令部要員のみで台湾へ飛ぶ一式陸攻の出発を待っているとき、基地司令官の佐多直大大佐がやってきて挨拶したが、佐多はそのまま、

「そっけなく自分の防空壕の方へ帰っていった。佐多の態度には、『一航艦も部下を死地に置き去りにして逃げるのか』という反感がありありと見えていた。

飛行機の発進準備がととのったとき、大西は門司副官をやって佐多をよびつけた。

『そんなことで戦《いくさ》ができるか』

右拳《こぶし》で佐多の頬《ほお》を殴りつけた。

『わかりました』

佐多は大西の気持を察したようであった。その顔を凝視した大西は、背を向けて飛行機の方へ歩いた」（生出、前掲書）

「大西の気持を察したよう」とあるように、この記述は大西に多分に同情的だが、草柳氏の前掲書では、大西が下士官に命じてA司令を迎えに行ったら、

「A司令が不機嫌そうな顔をして見送りの輪に戻ってきた。大西はその顔に猛烈な一撃を加えた。

『貴様、俺が逃げ帰ると思っているのか！』

この言葉は、おそらく彼が残留部隊の将兵にいちばん聞かせたい言葉であったろう。大

西は、A司令を撲ってその言葉を吐くと、こんどはきめつけるようにいった。

『そんなことで戦争ができるか』

『わかりました』

A司令の緊張した声が聞こえた。夜の闇に一式陸攻のプロペラが鳴り出した。大西中将の一行は、ゆっくりとタラップを上った」

となっている。「口で言うより手の方が早い」。まるで美空ひばりの演歌「柔」みたいだ。大西は命令によって脱出するのだから、のちの第四航空軍司令長官富永恭治陸軍中将のように、必ずあとから行くといって特攻命令ばかり出しておきながら、みずからの意志で逃亡するようなものでないことは、誰もがわかっていた。それでも草柳氏が思いやっているように、大西には自分が逃げ出すと思われたくないという気持ちがあっただろう。翼をとられた部下のところにとどまってやりたいという気持ちもあっただろう。しかし現実には台湾へ脱出するのだ。その心の弱みのコンプレックスが、裏返しに高飛車な暴力的態度となって司令を殴り、説教することになった。生出氏も草柳氏も、ふてくされた佐多司令のほうにいささかの非があったように書くが、殴られた司令のそういう態度は、大西の人柄によるものではなかったか。残留する部下に「いちばん聞かせたい言葉」は殴ってからでなければ言えないものであったのか。気持ちが通じておれば、言わなくてもわかっている。通じていなければ言葉に出さねばならない。通じがたいと思えば、殴ってでも話を聞かせることになろう。突飛なたとえだが、同じ態度の部下に対して、乃木大将だったら殴ったりはしなかっただろう。大西が私淑していた広瀬中佐だったらどうか。もっとも乃木大将や広瀬中佐なら、佐多司令もそんな送り方をしなかっただろうと、確信をもって言うことができる。この事件はサディスト大西の人間性を示すものであった。欠礼一つで死ぬほど殴られる海兵教育のゆきつくところである。同様に部下を殴った話は省略する。上の者には手を出さないところがいいところだった。

大西の攻撃性は昭和十五年の百一号作戦で残忍な形で遺憾なく発揮された。支那方面艦隊参謀長井上成美中将が立案し、大西瀧治郎少将が指揮した都市抹殺の無差別戦略爆撃は、まず重慶を徹底破壊し、次の抗日首都となるであろう成都をも、前もって叩くのが目的であった。それはこの三年後にドイツに対する戦略爆撃を、英空軍は夜間地域爆撃、米空軍は昼間精密爆撃と分担し、昼夜連続爆撃によって独軍の防空体制から休む時間を奪った作戦の先鞭をつけた形で行なわれた。五月二十九日付現地陸海軍の協定には「兵力及天候ノ許ス限リ攻撃ヲ持続ス　陸海軍ハ六月中旬以降月明利用期間ハ極力昼夜ニ亘ル連続攻撃ヲ実施ス」とある。搭乗員は「重慶定期」「重慶日課手入れ」といい、中国人は「疲労爆撃」と呼んだ。市民の神経と体力をへとへとに疲れさせ、音をあげて降伏するしかない状態へもっていこうとしたのである。

地下岩盤内につくられた巨大防空壕で、大勢の市民が被災し、酸欠と圧死で一時に数百人から数千人の死者が出たという。これについて私は当時の新聞の片隅に、重慶の防空壕内で大勢の死者が出たという記事を見た記憶がある。戦果の誇示と支那軍の防空不備を指摘した書き方であったと思う。

昭和十三年十月から十八年八月までの爆撃による重慶の死者は一万一千八百八十九人、負傷者一万四千百人といわれ、これには地下防空壕トンネル内の死者が入っていないという（前田哲男『戦略爆撃の思想』一九八八年、朝日新聞社）。

「はかりごとを帷幄の中にめぐらして、勝を千里の外に決す」は漢の張良であるが、井上、大西は軍司令部の中で戦略無差別爆撃の構想を立てて、自分の眼にはうつらない千里の外の市民を大量殺戮したのである。六二〇〇メートルの高度から軍事目標だけを攻撃する技術はなかった。サディストでなければできないことである。むろんそれは昭和二十年三月十日の東京夜間焼夷攻撃をきっかけに、ジェノサイドを続けたカーティス・ルメイにも、原爆投下を命令したトルーマンにもあてはまることだ。ルメイに勲一等旭日大授章を与えた日本国政府は、大西にも同じ叙勲をしている。サディストも犯罪者であったり、国家的功労者であったりするというわけだ。もっともルメイの叙勲は日本の市民を大勢焼き殺してくれたお礼ではなく、航空自衛隊設立に寄与したからだという。もしそれが本当だとすれば、ついでに広島に原爆を投下したエノラゲイ号の機長にも、教官として来てもらって、勲五等でもやっておればよかった。当時の首相も防衛庁長官も、不思議な人たちだったと思う。

フロイト心理学ではリビドーという心的エネルギーの仮説を立てて、性的意義を付与することが多い。大西のサディズムに性的なもの、リビドーがあったか。この設問にこたえる一つの事実は、大正十三年の芸者殴打事件であった。

草柳氏の前掲書によれば、大西大尉が海軍大学校二年目受験第一日の前夜、横須賀の料亭で友人と酒食をともにした際のことである。ぽん太という芸者が「ふくれ面」をしているのを見とがめて説教したが、彼女はますます「不愉快な空気」をつくったので「たまりかねた大西が、『しっかりせい』とぽん太の頬を打った」。その兄が渡世人であったため「海軍軍人、料亭で芸妓に乱暴」という新聞記事になり、第二日目の口頭試問に行ったとき、受験資格取消しを申し渡された。

『大西瀧治郎伝』（非売品）はこの事件の半分を「土地の風習を知らぬ来たばかりの新米芸者であったため」と芸者のせいにして簡単にしるし、大西の弁護をしている。しかし生出氏は前掲書で次のように書く。

「昭和五十九年（一九八四）春ごろ、ある旧海軍士官から、つぎのようなことを聞いた。『四十期前後のある人から聞いた話では、それがちょっとちがうんだ。大西さんが、そのS（シンガー、芸者）に、今夜はおれとストップ（お泊り）しろと言ったんだが、Sが承知しない。彼は腹を立てて、寿司の上にワサビがついたマグロを箸でつまみ、Sにいたずらしようとした。Sはふくれて相手にしない。それで殴ったかどうかはわからないが、S

が座敷から飛び出した。そういうことだというんだ』

もちろんこれは伝聞で、証拠はない。しかし、座敷で愛想のわるい芸者がほっぺたを一発殴られたぐらいで、名の通った新聞が大きく書くとも思われない。何かそれなりの理由があったから書いたのであろう。

海軍大学校が『受験資格なし』としたのも、大西に理がないと判断したためではなかろうか」

芸者とのいきさつの真相はどうでもよい。大西が海軍大学校を出なかったことが、その原因とは関係なく、彼の優秀さを示す一つの要素だと、草柳氏は前掲書で次のようにほめる。

「海軍大学を出なくても将官になったものに野村吉三郎などの例があるが、大西も海大卒の同期生と雁行したところをみると、やはり海軍の逸材とみなされていたのであろう」

だが野村は国辱をもたらした国際法違反の無通告攻撃の第一責任者なのだから、草柳氏はほめたつもりでも、ほめたことになっていない。将官になったからえらいと思うのも大きな偏見だ。

大西のサディズムが芸者に向けられたことに、私はリビドーを認める。もてない男が女を殴っただけの野暮な話であるが、殴るということは、男と女の肉体的接触にはちがいない。精神分析すれば、腹立ちまぎれの行為にしても、大西の深層心理には、ゆがめられた性的欲求と満足とが存在していたのである。

最初の特攻命令の「全部隊を特別攻撃隊に指定する」も、「これに反対するものは、おれが叩っ斬る」も殺人宣言である。しかも終戦の日まで特攻命令はとめどなく続けられたのであった。彼は自分の息子のような若者たちを、次々に自殺攻撃させていった。おのれの権力をもって死を与えていった。彼は地獄の冥王のような、死神の権力意識に酔ったことはなかったのか。みずから死んでいるといってみたり、涙を見せたりする心の奥底で、生殺与奪の権力意識に満足したことはなかったか。普通人の神経では、これほどまでに自殺命令を出しつづけることに堪えられるものではない。稀代のサディストであったからこそできたわけだが、リビドーを考えれば、彼の場合は同性愛志向が考えられる。男ばかりの軍隊で、ホモは必ずしも罪悪とはされなかった。若い溌溂とした青年たちにはたらきかけて、先に死んでくれ、おれも後からいくというとき、同性愛志向はなかっただろうか。

それを説明する彼の言葉がある。

「佐官になってから大西は、よく、

『おれもゆく、わかとんばら（若殿輩）のあと追いて』

と、南州のことばを口にし、筆にもしていた」（生出、前掲書）

大西は鹿児島出身ではないが、西郷隆盛に傾倒していた。薩摩は古来衆道（ホモ）の国であった。

「地上においておけばグラマンに叩かれる。空に舞いあがれば、なすところなく叩き落される。可哀想だよ。あまりにも可哀想だよ。若ものをして美しく死なしめる、それが特攻なのだ。美しい死を与える、これは大慈悲というものですよ」
「こんな機材や搭乗員の技倆で戦闘をやっても、敵の餌食になるばかりだ。部下をして死所を得さしめるのは、主将としての大事ですよ。これは大愛なんだ、と自分は信じているんだよ」（草柳、前掲書）
生出の前掲書では「これは大愛であると信ずる。小さい愛にこだわらず、自分はこの際つづけてやる」となっていて、「統率の外道の特攻に愛などあるはずはないであろうが、負けないためには特攻をつづけるしかない、それを自分は大愛と信じてやるということらしい」と批判の言葉が続く。
殺しておいて愛とはよく言えたものだが、サディストでなければ言えない言葉である。殺すことに深入りしてしまうと、殺す対象をあわれと思い、意識的にも無意識的にも、おのれを正当化するため、彼らを愛していると思わざるを得ず、みずからをそう納得させるとともに、そう思いこみ、信じこみ、のめりこんで行ったのであろう。血を見てよろこぶ殺人鬼の心理でもある。殺される若者たちと気持ちのうえで同一化したリビドーが感ぜられる。その同一化の行きつく果てに、大西の自決があるのだ。それは謝罪とは別の次元の問題である。遺書には大上段にかまえた論理の組立てがあるが、深層心理において、後追い心中、つまり情死といっていい。

私は本章のはじめに、彼がたぐいまれなサディストであったと書いた。彼が号令してはじまった特攻は、草柳氏のいう「特攻の思想」によってではなく、彼のサディズムによって生まれ、推進強行されてきたものであるという考えは、数年前から私の心にきざしてきたものであるが、これに確信を与えることになったのは、彼の死にざま、すなわち切腹のあり方であった。

草柳氏は書いている。

「大西瀧治郎中将が海軍軍令部次長の官舎で自刃したのは、昭和二十年八月十六日の午前二時四十五分である。生命力のつよい男で、作法どおり腹を十文字にかき切り、返す刀で頸《くび》と胸とを刺していながら、なお数時間は生きていた。

発見者は官舎の使用人である。朝の光の中に、彼の部屋の電灯がぼんやりとついているのを見て、扉をあけると畳一面の血しぶきであった。

急報によって、多田武雄海軍次官が軍医を連れて駈けつけ、前田副官と児玉誉士夫も現場に急行した。

大西は、近よろうとする軍医を睨んで、まず、いった。

『生きるようにはしてくれるな』

腸が露出し、もはや助かる見込みはなかった」

別のところでは、こうも書いている。

「大西は自刃するに際して、介錯人をおかなかった。深夜にひとりで割腹し、頸動脈を切り、心臓をつらぬき、それでも明け方まで息があって、駈けつけた多田中将や児玉誉士夫に『介錯不要』といっている。『できるだけ永く苦しんで死ぬのだ』、これが理由である。この言葉に説明はいるまい」（前掲書）

生出氏の記述は次のとおりである。

「朝、軍医が来たとき、

『生きるようにはしてくれるな』

と頼んだ大西は、戦死した特攻隊員たちに詫びるように十五時間余の苦痛に堪え、午後六時に絶命した。行年五十四歳であった。

児玉に迎えられて淑恵が官舎に着いたのは、大西が死亡したあとだった。淑恵は瀧治郎と死の面会をすると、かすかに微笑を浮かべたとてもいい顔をしていたので安心した。（昭和三十一年〈一九五六〉春、大西旧官舎の自決の間を訪れたときの淑恵未亡人の述懐）」（前掲書）

壮烈きわまりない最期である。多くの人は彼の贖罪の念の深さのあらわれとして感動する。だが深層心理において、これは彼がサディストであったことの決定的証拠となった。サディズムはマゾヒズムに反転する。サディストとしての攻撃性が強ければ強いほど、反転した場合のマゾヒズムも強い。たぐいまれなサディストは、マゾヒストとしても空前絶後であったといえる。つまり彼は完璧なサド・マゾヒストであったのだ。

彼はみずから命を断つのみにとどまらず、最大限の苦しみを、自分自身に与えようとした。常人の想像を絶するこの苦痛は、それに堪えるよろこびを彼にもたらし、マゾヒズムの極致として、至福の法悦境となり、エクスタシーとなったのである。さきに逝った特攻隊諸士へのつぐないであると同時に、同じ道をたどるよろこびでもあった。淑恵夫人が死の面会をしたとき、「かすかに微笑を浮かべたとてもいい顔をしていた」のは当然である。

彼が自決の方法として切腹を選んだわけを、私はこれまで武人として古来の作法に従ったものであると、解釈していた。ところが千葉徳爾氏の『日本人はなぜ切腹するのか』(一九九四年、東京堂出版)を読んで、別の意味があることを知った。千葉氏は切腹が自殺の一方法であるという通説とともに、新渡戸稲造の『武士道』(矢内原忠雄訳)から「我はわが霊魂の座を開いて君にその状態を見せよう。汚れておるか清いか、君自らこれを見よ」を引用し、「腹を切り開いて本心を示す目的」をあげている。さらに第二次大戦後の資料にもとづく中康弘道氏の説「切腹には出血や内臓露出に至る過程で、サディズムもしくはエロチシズムを満足せしめる快感を伴う」、「それを味わう美意識の昂揚が、これを実行させる根源となる」を紹介している。

千葉氏はまたご自身が二十三歳で現役入隊されたとき「戦場での最期は切腹するものと一人きめこんで、黒鞘の短刀などを持っていた」という体験と、その後の心情から、

「腹を切る者にとっても、一種の自己顕示の意図が、精神的昂揚の因子として存在するといってよいのではなかろうか。つまり切腹では、単にこっそり自殺する目的ではなく、自分の死を他人に実見させたいという意味の方が優先する。そのような行為をする当人の意図を他人にわからせようとする場合が多いのである。当時の著者自身をよく省察してみると、どうしても、そう結論せざるを得ない。何故ならば、ことに若い者にとっては、最期の華やかさが性的快感の代用として働くと考えられるからで……」

と、みずから心理分析をしておられる。そして、

「戦時軍中にあっては性欲のはけ口が平常に比べて大いに抑圧されている。このことは特に筆にする必要がないほどよく知られたことで、……その点からもこれの代償としての華やかさと、フロイトの説いた性についてのエロチックな感覚と、その極限としての死への志向という心理との共存が、ここにも垣間みられるように思われる」

とも説かれる。

千葉氏は「切腹がもっとも能率悪く苦痛の多い自殺法であるという大英百科事典（ブリタニカ）以来の通説」を引用し、「かなり長時間の苦痛の後にはじめて目的の死がおとずれるのである」と書き、その原因を医学的にくわしく説明された。切腹者が介錯人をたのむのはそのためであったという。

大西が官舎で午前二時四十五分に切腹したのは、邪魔立てされないよう、人のいない時

を見はからったからであろう。だがはじめから長時間苦しんで死ぬつもりであった彼は、明け方にかけつけた多田武雄中将や児玉誉士夫に「介錯不要」と言っている。このすさまじいばかりの壮絶な割腹は多くの人を感動させるが、スタンドプレイの好きな、あるいは望まずともスタンドプレイに終始した大西に、この時自己顕示欲がなかったはずはない。すでに遺書でラッパを吹き鳴らしているのである。遺書のラッパは、この死にざまによって、より強烈なインパクトとなることが、計算されていなかったとはいえまい。そうはいっても命がけで訴える姿勢は、真実のものであった。

千葉氏は武士のみならず、一般庶民の中でも、むかしから切腹がしばしば行なわれてきたわけについて、

「その理由と思われるのは、切腹自害による表現は眼には映像として、また耳には叫びとして、さらに究極の死という形で、全感覚として多くの人びとの感情に訴えるからである。すなわち、血と内臓露出の鮮烈な色彩、その姿の悲惨さ、ならびにそれにもかかわらず長い時間生存し、言語・表情などによって多くの自殺者自身の意志表現が可能であるということが、他の死とは異なっているからではないか」

と説く。

大西の切腹を、新渡戸が指摘した、腹を切り開いて本心を示すという行為として考えればどうなるか。遺書にはふれていないが、口に出せぬ訴えはなかったのか。私はそれがあ

った と思う。

昭和二十年八月十日の御前会議の前日に行なわれた首相官邸の最高戦争指導会議いらい、十四日のポツダム宣言受諾決定の御前会議にいたるまで、大西は軍令部次長として、終始受諾に反対して行動し、越権行為と米内海相から激しい叱責を受けて落涙陳謝させられておりながら、なおも陸海軍首脳部の間を奔走して、抗戦継続を策動した。

八月十三日の深夜には、最高戦争指導会議の会場へ出かけ、

「高松宮さまはなんと申し上げても、考えなおしてくださいません。かえって、海軍が陛下のご信用を失ってしまっているから、反省せよとのお叱りでした。ですから、米国の回答が満足であるとか否かは末節であって、軍にたいする陛下のご信任を得るには、必勝の案を上奏してご再考を仰ぐ必要があります。いまからでも、二千万人を殺す覚悟でこれを特攻に用うれば、決して負けることはありません。……」

と訴えたが、相手にされず、散会後迫水久常書記官長に懇願する。

「『私たち軍人は、この四、五年間、全力を尽くして戦ってきたように思いますが、昨日あたりから今日にかけての真剣さにくらべれば、まだまだ甘かったようです。この気持で、なお一ヵ月間も戦をつづければ、きっといい知恵が浮かぶと思うんです。あと一ヵ月、なんとかならんでしょうか』

『もうどうしようもないでしょう。いま閣下のおやりになるべきことは、一刻も早く、海

軍の内部を収拾することではないでしょうか』

『そうですか、何か、よい知恵はないでしょうかねえ。何かないかなあ』

大西は涙を流しながらつぶやいた」（生出、前掲書）

翌十四日大西は御前会議会場の外で椅子に腰をかけ、宣言受諾の延期をひたすら願ったが、空しく終わった。その後日吉の連合艦隊司令部へ、小沢治三郎長官に徹底抗戦を説きに行くがことわられ、小沢の言によれば「えらい顔して帰って行った」という。

この日の夕刻、彼は「国策研究会の矢次一夫宅を訪れ、『戦争に負けたのは俺ではないぞ。天皇が負けたのさ』と言いすてた」（生出、前掲書）。

翌十五日正午、海軍省と軍令部では、米内海相、豊田総長以下全員が整列して、詔勅の放送を聞いた。大西の顔は青ざめ、隣りの高木惣吉少将は、大西からただならぬ決意を感じたという。自決はその夜三更を過ぎてからであった。

天皇への期待が裏切られた大西の絶望に近いものが前にもあった。昭和十一年の二・二六事件で処刑された磯部浅一のそれである。尊皇討奸の旗じるしのもとに蹶起したクーデター部隊は、計画が杜撰で楽天的であったため四日間で鎮圧されてしまった。軍当局の彼らに対する呼称はくるくるとかわり、第一日「出動部隊」、第二日「蹶起部隊」「占拠部隊」、第三日「騒擾部隊」、第四日「叛乱部隊」となって終わった。陸軍首脳部の方針は定まらず、右往左往した。終始一貫して彼らを反乱軍と決めつけたのは、昭和天皇であった。

軍法会議の結果七月五日、幹部十七名に死刑が宣告せられ、七月十二日磯部浅一、村中孝次をのぞく十五名の処刑が行なわれた。右の両名は北一輝、西田税の軍法会議審理の証人として残されたのである。これら四名は翌昭和十二年八月十九日に処刑された。代々木練兵場の一隅で、現役将校たち十五名が銃殺されたとき、磯部は獄中でその音を聞いた。処刑は五名ずつ三回に分けて行なわれた。天皇陛下万歳と大日本帝国万歳が三唱ずつされたあと、銃声がひびいたという。

磯部らに先立って刑の執行を受けた十五名は、むしろしあわせであったといわれている。生き残った磯部は、彼ら同志が神とあおぎ、赤心をもって直結せんとして事をおこし、必ずや微衷をみそなわし給うと信じていた天皇が、当初から彼らを逆賊兇徒としてしか認めていなかったことを知って、救いようのない絶望の淵に転落してしまったからである。

十五人に対しても、処刑までに「天皇はひどく立腹されているそうだ」という噂が、誰からともなく獄中まで伝わっていたという。同じ獄にいた菅波三郎中尉のそういう証言から、彼らはうすうす感づいていたと思われている。反乱軍指導者の中で最も人望があり、人格者といわれた安藤輝三大尉は、処刑の前夜、

「国体を護らんとして逆賊の名　万斛の恨　涙も涸れぬ　あゝ天は　昭和十一年七月十一日夜　鬼神輝三」

と書きのこした。だがそれでも彼らは万歳を三唱して死んでいったのである。この恋闕

の情が昭和天皇のもとにとどいたというしるしはない。

磯部の絶望は、安藤たちの知らなかった天皇じきじきの御言葉なるものを、生きのびたがゆえに知らされたことによる。彼にとってそれは最も知りたくなかった事実であったろう。これによって彼は天皇から見放されたことを、はっきりと覚ったのである。次にそれを引用する。

「朕が股肱《ここう》の老臣を殺戮す、此の如き兇暴の将校等、其精神に於ても何の恕すべきものありや」

「朕が最も信頼せる老臣を悉く倒すは、真綿にて、朕が首を締むるに等しき行為なり」

「(たとひ国家の為なりとの考へに発するとしても) 夫《それ》は只だ私利私慾の為にせんとするものにあらず (に過ぎず)」

「朕自ら近衛師団を率ゐ、此が鎮定に当らん」(「本庄日記」)

また山下奉文少将が、行動将校一同に自決させるから、「勅使を賜はり死出の光栄を与へられたし」と侍従武官長本庄繁大将に、天皇へのとりつぎをたのんだとき、

「陛下には非常なる御不満にて、自殺するならば勝手に為すべく、此の如きものに勅使など、以ての外なり」(「本庄日記」)

と叱られて、彼らに対する本庄のせめてもの好意は一蹴されてしまった。

ひそかに持ち出された磯部の獄中手記は、天皇に対するうらみごとが、書きつらねられ

ている。すべて口に出して言うことが許されなかった思いである。

「天皇陛下、陛下の側近は国民を圧する漢奸で一杯でありますゾ、御気付キ遊バサヌデハ日本が大変になりますゾ、今に今に大変な事になりますゾ」

「天皇陛下は十五名の無双の忠義者を殺されたのであらうか、そして陛下の周囲には国民が最もきらつてゐる国奸等を近づけて、彼等の言ひなり放題に御まかせになつてゐるのだらうか。陛下、吾々同志程、国を思ひ陛下の事をおもふ者は日本国中どこをさがしても決して居りません。（中略）何と言ふ御失政ではありませう。そんなことをたびたびなさりますと、日本国民は、陛下を御うらみ申す様になりますぞ」

「天皇陛下　此の惨タンたる国家の現状を御覧下さい、陛下が　私共の義挙を国賊反徒の業と御考へ遊ばされていられるらしいウワサを刑ム所の中で耳にして　私共は血涙をしぼりました、真に血涙をしぼつたのです
　陛下が私共の挙を御きき遊ばして、

『日本もロシヤの様になりましたね』と云ふことを側近に云はれたとのことを耳にして、私は数日間、気が狂ひました。

『日本もロシヤの様になりましたね』とは将して如何なる御聖旨か俄にわかりかねますが、何でもウワサによると、青年将校の思想行動がロシヤ革命当時のそれであると云ふ意味らしいとのことをソク聞した時には、神も仏もないものかと思ひ、神仏をうらみました。

だが私も他の同志も、何時迄もメソメソと泣いてばかりはいませんぞ、泣いて泣きね入は致しません、怒つて憤然と立ちます。

今の私は怒髪天をつくの怒りにもえてゐます。私は今は、陛下を御叱り申し上げるところ迄、精神が高まりました。だから毎日朝から晩迄、陛下をお叱り申して居ります。

天皇陛下、何と言ふ御失政でありますか、何と言ふザマです、皇祖皇宗に御あやまりなされませ」

綿々たるうらみごとは恋闕の情の裏返しであろう。俗に愛と憎しみは表と裏というが、同志とともに命をかけてさしのべた天皇へのおもいを、向こうのほうから断ち切られて、これでも言い足りないものがあっただろう。磯部と村中は、銃殺されるとき、万歳三唱をしなかった。これについて、須山幸雄氏は『二・二六事件　青春群像』(一九八一年、芙蓉書房)の中で、次のように論じている。

「天皇陛下万歳を三唱しなかったとしても天皇を怨んだり呪詛してはいない。怨みつつも尚慕う、怨慕の心を抱いて死んでいったというのが一番自然ではなかろうか」

「磯部の獄中遺書のどこを読んでも幕僚たちには復讐してやろうと述べているものの、天皇には怨み言は述べても天皇を呪詛したり否定しようなどとは寸毫も考えていない。天皇に対しては怨みごとを言いつつも敬慕の情にあふれた遺書を書いている。この心情が三十年後、三島由紀夫の琴線にふれ名作『英霊の聲』を生むきっかけになったものと思われる」

大西はポツダム宣言受諾をくいとめ、抗戦を継続させようと、必死の努力を続けた。軍首脳部は駄目、高松宮も駄目、最後に天皇の決断に期待したが、その「歴史的決断」は彼の意に反するものとなってしまった。不服である。大いに不服である。だが万事休す。まだ敗けてはいないのに、なぜ！　彼の心情からすれば、天皇は彼の期待と信頼を裏切ったのである。「戦争に負けたのは俺ではないぞ、天皇が負けたのさ」。しかし勅命に反して抗戦することは、遺書にもあるとおり、自他ともに戒めるところだ。切腹によって、俺が敗けたのでない、天皇が敗けたのだという、肚のうちをさらけ出すことは、天皇への無言の抗議であり、欽慕の表現でもあった。

以上の二章で、私は大西の自決について、いろいろな角度から論じてきた。どれが自決の本当の理由かということは、おそらくいえないだろう。一つだけに決めてしまうことは誤りだと思う。だが私は大西を武人としてみるとき、誰も指摘したことのない最後の解釈が、彼の深層心理において、最も大きな自決への衝動ではなかったかと、考えるものである。

第七章　神なき神風

特攻隊のことがはじめて発表されたとき、その名称が神風特別攻撃隊であって、各隊の名が、敷島隊、大和隊、朝日隊、山桜隊であったことを知って、またひとしお感動を深くさせられた。いうまでもなく、本居宣長の詠んだ和歌、

敷島の大和心を人問はば朝日に匂ふ山桜花

からとったもので、戦前の国語教育を受けた者には、すぐそれとわかるものであった。大和魂とか日本精神とかいわれて、鼓吹されてきた伝統的国民精神の精華にふさわしい隊名であると、当時の私にも思われたものである。天かける同世代の若人たちの姿を想像すると、神風の名はぴったりだと思った。

神風とは、これも戦前の国民教育で強調されたものである。一二七四年と一二八一年のいわゆる文永（十一年）、弘安（四年）の両役、元寇とよばれた蒙古襲来という国家存亡

の危機に際し、鎌倉武士団の熾烈な抵抗もあったが、二度とも台風が敵の軍船を潰滅させて国を護ることができた。この台風を神風といい、日本は神国であるから、未曾有の困難に際して神の力がはたらき、神風が吹いたのだと、私も小学校で教えられた。亀山上皇が伊勢神宮に参拝し、「身を以て国難にかわらむ」と敵国降伏祈願をされたことが、それにあずかって力があったとも教えられた。祈りの意味を深く考えなかった私は、台風の効果はわかるが、祈願が役に立ったとは信じられなかった。むしろ北条時宗や河野通有の名を頂点とする武士団の勇戦が、祈願よりも有力であったと思った。しかし神風については、人力をこえたものが、二度とも国を護ってくれたのだから、たしかに日本は神国だ、神の護ってくれる国だと思った。それから十年、戦前の小学生の理解そのままの神風が、戦争末期の日本人のたのみの綱になろうとは、誰が予想したであろうか。

　海軍が神風特別攻撃隊の神風を「しんぷう」とよんでいたことは、戦争末期にふとした新聞記事ではじめて知った。しかしそれ以後も一般国民は「かみかぜ」特別攻撃隊とよび、ラジオ放送でもそうよばれていた。前にあげたテレビの戦後五十周年記念番組の中で、アナウンサーがひと言それにふれて、一般とは違った海軍のよび方を説明していた。ところが草柳氏は前掲書で、

「特攻の先陣を切った『神風特別攻撃隊』の呼び名が、『しんぷう』からいつの間にか『かみかぜ』にかわり、『かみかぜ運転』とか『かみかぜドクター』というように、揶揄的《やゆてき》

に使われ出した」

と書いて、「しんぷう」の正当性を主張する。これはとんでもない間違いである。神風はむかしから「かみかぜ」「かむかぜ」であった。万葉集一九九の柿本人麻呂の長歌に「神風にい吹き惑はし」とあり、伊勢や五十鈴川の枕詞として「神風の」と用いられるのも、「かみかぜ」である。神の威徳によっておこる風として、古代から「かみかぜ」の信仰と言葉が存在した。「しんぷう」が「いつの間にか」「かみかぜ」になったのではない。いつの間にか海軍が「しんぷう」にしたのだ。「かみかぜ運転」などの揶揄的な語は、特攻隊を冒瀆することをいとわぬ悪質な戦後マスコミの造語であった。戦中にはありえない表現である。草柳氏は神風に神を認めぬ立場だから、こんな無神経なことをいわれるのだろう。神をいただく立場から「しんぷう」といったのは、明治九年（一八七六年）十月二十四日夜、文明開化に反対して熊本に乱を起こした神風連のほかに例はない。彼らは「じんぷうれん」ともよばれ、みずからは敬神党といった。その自決の模様は三島由紀夫の遺作『豊饒の海』第二部「奔馬」にくわしい。

特攻作戦は歯止めをかけられないまま、終戦まで続けられた。特攻の記事も最後までくりかえし新聞にのせられてきた。事実そのものの記事はいたいほどの感動を与えたが、それを利用する戦意昂揚の論調は、鼻もちならぬものに終始した。神風は本来の姿を失って単なる修飾語になり下がっていった。神風特攻隊に続けというのはまだしも、こうすれば神風が吹く、これが神風だ、この神風をもっと起こせ、神風が吹けば敵は退散するのだといった、くだらない言葉が氾濫した。

もともと神風など神がかりとして信じない人の反感は当然だが、ウルトラナショナリズムの立場からの批判の一例を次に引用する。

「現在国内思潮ニ最モ憂フベキハ、合理的ナル思惟ニ流レテ、御稜威《ミイツ》ヲ信ゼザルコトナリ。例ヘバ神風ヲ説クモノ或ハイフ、人事ヲ尽シテ神風ヲ俟《マ》ツト。之ハ神風ヲ人事ニ依リテ規定スルモノニシテ、『人事ヲ尽ス』ナル合理的観念的思惟ノ限界ニ於テ神風ヲ俟ツハ神威ノ冒瀆ナリ。吾等ヒタスラ神威ヲ上ニ戴キ、大君ノミコトノマニマニ、人事ヲ尽サムトイフヨリハ、人事ノ裡ニ神威ノ発現ヲ仰ガムト努ムヘシ。努力ニ限界ナク、神威ノ発現ハ規定スベカラズ。

而モ人事ヲ尽シ、『カクテ神風ハ吹ク』ナル思想ハ、神風ノ根柢ニ人事ヲ尽スコトヲ置キ、『人事ヲ尽ス、故ニ神風ハ吹ク』トナリ、遂ニハ『人事ヲ尽ストモ神風ハ期待セズ』テフ一ツノ信念トモナリ、『人事即神風』ナル恐ルベキ冒瀆ニ到ル。

以上ハ何レモ所謂指導者ノ言動ニ実際ニ存セシモノニシテ、一技術者ノ如キハ、レイテ島ノ嵐ヲ自然ノ神風トイヒ、神風特別攻撃隊ヲ人間ノ神風トイヒ、且又技術ノ神風ナルモノヲ齎《モタラ》サムト放言スルニ到ル。見ヨ、特攻隊諸士ノ命ヲ捧ゲテノ深キ祈リニモ不拘《カカワラズ》、寇《アダ》船《ブネ》ヲ攘《ハラ》ヒツクサム神風ハ未ダ仰グニ到ラザルコトヲ。悲シムベシ。嗚呼憤ルベシ」

この一文の筆者は、実は当時東大医学部三年次在学中の私で、昭和二十年一月の日記に書き残した文章の一部である。題して「神武必勝論」。幕末に生野の乱で獄死した平野二郎国臣の著述の名を拝借した。そのころ彼と同じ内憂外患の危機感をいだき、作歌の上からも彼に傾倒していたからである。敗戦必至の焦燥感にかられ、痛憤を文章にしたものの、題名を「神武必勝論」としたのは、実現不可能なことを自認した逆説的な動機からであった。このあと、

「敵国降伏ノ祈願ガ大達内相ノ訓令一本ニ依リテ各神社ニ行ハレ」

と嘆じ、最後は、

「東條前首相ノ無信念、小磯現首相ノ神聖冒瀆観念論、共ニ国内思想ヲ攪乱シ、戦局ノ帰趨ヲ誤ラシメ、国家総力ノ発揮ニ多大ノ障壁ヲ形成シ来レルモノニシテ、兄タリ難ク弟タリ難キ国家ノ元兇ナリ」

となっている。各論として、具体的な対策をこれに続けて書くつもりであったが、最早それさえできない戦局となり、筆を絶った。

このような文章が公けにできるはずはなく、それを期待して書いたものでもなかったが、先年京都三月書房の宍戸恭一氏にすすめられた自己史の試みに応じて、同社の「現代史研究」月報第23号（一九六三年三月）に論稿とともに全文掲載されて、陽の目をみることになった。皮肉なことである。勝てる見込みのないための「神武必勝論」が敗戦によって人

の目にふれることになった。

いささかの解説を付け加えさせていただくならば、亀山上皇の敵国降伏祈願に呼応した小磯内閣の大達茂雄内相は、満洲国国務院総務庁長、内務次官を経て、シンガポール陥落後日本軍が昭南島と改名したときの昭南市長となり、戦後は戦犯として巣鴨生活の後、第五次吉田内閣の文相として悪名をとどろかせた人物である。敵国降伏祈願の訓令など、いかにも役人らしい発想であって、当時の私は神の不在、信仰の欠如を証明するおざなりなものと感じた。だが神国日本らしいこととして、当時の新聞には大きく書き立てられたのである。

一技術者の発言も新聞紙上にみられたものである。「自然の神風」とは、昭和十九年秋に比島海域で米海軍をしばしば苦しめた台風のことをさす。ことに十二月には高波で傾いた各空母甲板から、百機以上の艦載機が海へ投げ出され、駆逐艦三隻が沈み、七百七十八名の犠牲者を出している。その詳細は戦後になって明らかにされたものであるが、当時の新聞でも米軍の被害を大きく報道し、神風とまでいわれたのであった。だが元寇の神風は一夜の嵐で敵を潰滅させ、国家存亡の危機が救われた。これに反して比島海域の台風は一戦闘の被害程度に終わり、到底戦局の帰趨に影響するものとはなり得なかった。とても神風というべきものではなかった。いかに軍事知識にくらい素人でも、台風によって米軍が退散するなどと期待した者は一人も無かった。それをあえて神風の名を冠して、国民の士気を鼓舞する必要があると考えたほど、当時の日本の指導者は自信を失っていたといえる。神風の名だけが空しく用いられるばかりで、神はどこにも無かった。自然の神風という言葉そのものが自己矛盾である。自然ならば台風である。自然以外のもの、それ以上のものを認めるから神風なのである。

「人間の神風」も同様に自己矛盾である。人間は神ではないのだから。生身の人間に対して「皆はすでに神である」と放言した男のように、無神論者でなければいえない言葉だ。この語は特攻隊諸士に対する冒瀆と私は感じた。「技術の神風」にいたっては、最早いう言葉もない。傲慢不遜も極まれりというところである。だが当時はこれらがスローガンとしてまかり通っていた。精神主義とは名ばかりの、人の心に訴えるところのない、空疎なプロパガンダばかりの時代であった。指導者の声がますます過激さをましてくるにつれ、国民精神の衰退が進行するようであった。

自然現象の台風をことさら神風といって気休めにしたのは、国民精神の頽廃した戦争末期だけのことだと、私はこの稿を草するまで思っていた。まさか五十年を経た今日、この語に出会うことがあろうとは、夢にも思わなかった。曽野綾子氏の『生贄の島　沖縄女生徒の記録』(一九九五年、文春文庫)を読んでいると、次の文字が目に入ったのである。

「その当時、日本軍にとって、本当に神風は吹かなかったものなのだろうか。

日本人は誰も意識しなかったが、米軍の補給部隊は、四月四日の午後から五日にかけてと十日から十一日にかけて襲った二度の嵐を、小型の台風《カミカゼ》として忘れる訳にはいかなかった」

　ここにも本来の神風信仰からはなれた神風がある。この文をみると曽野氏は沖縄に二度小さな神風が吹いたと主張されるようである。まったく戦中のデマゴギーと同じ意味で神風の語を用いていられるのだ。またこれによると神風にも大型小型があるらしい。だが大型小型の神風とやらが、いくつ吹いたところで、日本軍の頽勢を挽回することは不可能であった。当時の新聞は何とかなりそうなことを書いていたが、誰も信用していなかった。書き手からして本当にそう思って書いているようには思えなかった。戦後五十年たって、沖縄の小型台風を小型の神風といわれるのは、私にとってまったく不可解である。どういう根拠で氏は二度の台風を神風といわれるのか、明らかにしていただきたいものである。当時の日本軍がそれを小型の神風と考えた証拠はなく、当時の新聞もそれを神風とは報道しなかった。そのことは曽野氏ご自身が「日本人は誰も意識しなかった」と書かれたとおりである。しかるに曽野氏だけが、というのは私が知るかぎりにおいてであるが、今ごろそれを神風だといわれるのだ。

　米軍兵士が台風を神風と思うことはあり得ない。彼らが「小型の台風として忘れる訳にはいかなかった」というのなら筋が通っている。ところが台風に「カミカゼ」のルビがふってあるのだ。ルビのついた漢字を読むときは、ルビの音を発音するのが通常だろう。この文章を音読すれば、米軍が「二度の嵐を小型のカミカゼとして忘れる訳にはいかなかった」という架空譚になってしまうのである。「台風《カミカゼ》」という奇妙な活字はこの場合どう読むのか、音読と黙読で違うのか、読者が日本人と米軍の場合で違うのか、どう読ませるのが著者の意図なのか明らかにしていただきたいものである。出版元もこんな手品のような活字があれば、著者の意向をただしたうえで、何らかの解説をつけ加えるのが、読者に対する親切というものではないか。

台風に「カミカゼ」とルビがふってある以上、著者は台風イコール「カミカゼ」と主張するものと解するのが当然であろう。台風イコール「神風」とは素朴なアニミズムである。神話時代の日本人ならばともかく、戦中日本人にそれはなかった。ちょっとした台風を新聞が神風といって騒ぎたてることがあっても、現代の日本人が台風を神風といわないように、戦中の日本人にそんな素朴なアニミズムがあったことはない。曽野氏もアニミズムを信奉されることはあるまいと思われるのだが。

私は曽野氏がカトリック信徒であると承知しているのだが、「台風《カミカゼ》」という活字を用いられた以上、氏は台風の中に神を見られるのだろうか。それとも神を見ないで「カミカゼ」といわれるのだろうか。もし神を見るとすれば、それはカトリックの神を見るということだろうか。カトリックの神でなければ、異教徒の神を見られるのか。その場合どういう異教徒の神なのか、それとも異教徒の神など、アニミズムであろうと何であろうと、そんなことはどうでもいいといわれるのだろうか。私は前に述べてきたように、戦中の神風論、神風待望論に神は不在であったと主張する者である。曽野氏のいわれる「本当に神風は吹かなかったものなのだろうか」の「神風」も、手品のような「台風《カミカゼ》」の活字にも、神は不在だと結論せざるを得ない。

　もともと神風とは神国日本を救うものであった。沖縄がすでに惨澹たる戦場となってしまったとき、日本を救う神風が吹いていたとはどういうことか。沖縄が神国日本の中に入っていないということか。それとも沖縄の犠牲によって本土決戦が免かれるための神風ということか。いずれにせよ米軍が手をやいた二度の台風を神風といったところで、沖縄の日本人たちにとっては何が神風か。

　神風待望論は勝利の見込みがなくなって出てきたものである。神風といっても日米戦争は元寇と違って、台風で片づくとは誰も思っていなかった。象徴的に神風のような大きな奇蹟を期待していたのが事実である。それはたとえば、ある日アメリカより先に原子爆弾のような新兵器を完成して、その威力をみせつけたら敵軍が和を乞うてきたというたぐいの、一夜明ければ戦争に勝っていたというような奇蹟である。死刑囚が刑の執行直前まで赦免状が来るのを期待するようなものであった。だからついに神風は吹かず、日本は敗れたというのが終戦時の日本国民の共通認識であった。逆にいえば敗けたことが、神風の吹かなかった証拠である。吹いていれば勝っていたからだ。神風が吹かなかったという当時の国民の実感は忘れ去られ、戦後作家の曽野綾子氏までが吹いたようなことを書かれるので、当時の一庶民の感覚を示す新聞記事を、通俗史書から引用する。

「必勝という看板の裏を覗《のぞ》くことのできなかった国民は、親兄弟を孤島にさらし、職を奪われ、家を焼かれ、ヤモメ暮しの骨と皮になっても、泣くことも笑うこともできなかったのである。しかし、神風は遂に吹かず、戦いに敗れて平和の日はきた。かつて蘆原将軍らにより宣伝された光りは東方よりというモットーが米国を指していたのであったことを知ったのである（佐富和夫生、「読売新聞」投書欄、一九四五年十月二十二日）」（鶴見俊輔、橋川文三他共著『日本の百年2　廃墟の中から』一九六一年、筑摩書房）

特攻隊員を人間の神風という戦中の一技術者の発言について、前にとりあげた。こういう考えは戦中だけのものと思っていたら、戦後も同じ態度を特攻隊員に対してとる人がいるのにおどろかされる。たとえば生出氏は前掲書の「あとがき」にこう書かれた。

「ただ、特攻は決して無意味なものではなかった。

特攻は最後の切り札であった。だが、『神風』と名づけた切り札の特攻によっても、戦局は好転しなかった。その結果、『特攻をやっても勝てない』という考えにゆきつき、それ以上の手もなく、ついに陸海軍も我を折り、降伏に踏み切らざるをえなくなった。

特攻隊は、その犠牲によって終戦を実現させ、日本を壊滅寸前で救い、新生日本を生んでくれたのである。その意味で『神風』であった。

とは言え、ウラを返せば、特攻隊は、特攻の枠外にいた戦争指導者、作戦指導者、指揮官、参謀などによって、人身御供として利用されたものであった。

大西中将も、利用されるだけ利用されて、詰腹を切らされたと言える。

だが、もうひとつウラを返せば、特攻戦死した人たちや大西中将は、その死によって、このような人間社会のカラクリを教えてくれたのである。

われわれは、特攻戦死した人たちに感謝し、その犠牲を無にしないようにしたいものである」

特攻が「最後の切り札」だったというのは、特攻肯定論の一つとして、特攻殺人の事後従犯ということである。それにしても「切り札」というトランプまがいの表現は不謹慎ではないか。また「特攻をやっても勝てない」という考えから「ついに陸海軍も我を折り」降伏にいたったというのは史実ではない。降伏の直前まで彼らは我を折ったりはしなかった。最高戦争指導会議でも御前会議でも、戦争継続か和平かで陸海軍は一致せず、海軍の中でも豊田軍令部総長と米内海相との意見は対立し、昭和天皇の決断でポツダム宣言受諾となったことは周知のことであり、何よりも生出氏ご自身がそのことを本文で明記しているのである。特攻が「無意味なものではなかった」の説明とはいえ、すぐ前に書かれたこととまったく矛盾することを書かれたのは、あまりにも杜撰ではないか。降伏か否かを決定する右の会議において、「特攻をやっても勝てない」のだから降伏しようという意見は、一度も出ていない。首脳部は特攻作戦の残虐性非人道性をまったく無視した連中ばかりの集まりだったから、そこまでやっても駄目だったからあきらめよう、という考えは全然念頭になかったのだ。むしろ特攻によって無条件降伏論を後退させて、和平への道をひらいたのは敵側であった。

「その犠牲によって終戦を実現させ」たのは特攻隊ばかりではない。犠牲になった戦歿者総数は軍人軍属官民を合わせて二百五十万人である。特攻戦死者はそのうちの最も悲惨な例の一つといえるが、その数は海軍二千五百二十四名、陸軍千三百八十六名、計三千九百十名である。特攻がなかったら終戦はなかったということはできない。生出氏がこういう無理な論理で特攻を重視されるのは、「その意味で『神風』であった」と言いたいためである。

だが特攻隊員は神風のごとく国を救うことを祈念しつつも、みずからを神風とする自己神化の傲慢さは、寸毫ももっていなかった。私は今日まで数多くの彼らの遺書や手記をくりかえし読んできたが、みずからを神風と思ったり、神風にたとえたり、神風になると書いた人は一人もいなかった。特攻命令者にくらべて、あまりにも謙虚な言葉に胸をうたれるものばかりであった。それを「その意味で『神風』であった」とは、何たる不遜か。こんなことをいえば英霊がよろこぶとでも思っておられるのだろうか。理屈をつけて「神風だ」というのは、なにがしかの功績をあげて「勲何等に叙す」というのと同じ発想である。

無神論者だからできることだ。
しかも切り札などといってトランプにするかと思えば、勝手に意味づけして神風とし、ウラを返せば人身御供、もうひとつウラを返せば今度はカラクリの教師だなどと、くるくると変身させて失礼ではないか。これは神風の語を、トランプの切り札、人身御供、カラクリの教師と同じレベルで扱っていることをみずから証明しているようなものだ。

昭和十二年の夏、私は京都の映画館で「巨人ゴーレム」という映画を観た。中学五年のことだった。迫害されるユダヤ民族の間に、絶体絶命の危機にはゴーレムという巨大な土偶が動き出して、彼らを救ってくれるという伝承があった。たまたまそういう重大な局面に立ちいたったとき、一人の女性が数頭のライオンのうずくまる檻の中を通りぬけ、巨像のところへ行って、その額にふれ、呪文をとなえた。するとその眼がひらき、体が動き出して、迫害者を全滅させ、最後にはユダヤ人指導者の聖者の言葉でくずれ落ち、土に帰するというものだった。ジュリアン・デュヴィヴィエ監督のフランス映画である。もう一度観たいが、彼の作品では「ゴルゴタの丘」「白き処女地」とともに、戦後上映も放映もされず、ビデオでも手に入らない。ちなみに戦後の大映作品「大魔神」（一九六六年）はこれの翻案であった。戦争末期の神風待望論で、私はこの映画の記憶がよみがえったのだが、神風の伝承にたよることは、当時でも国民士気の衰退と感じた。

思えば戦争がはじまってから、神という語が使われすぎた。真珠湾特殊潜航艇の九軍神、陸軍隼戦闘隊長の加藤軍神をはじめ、英霊のみならず、ジャワ進攻のときの落下傘部隊は生きながら「空の神兵」といわれ、軍歌や映画の題名にもなった。神風待望論からはいっそうそれが激しくなって終戦まで続くのである。一例をあげれば、高崎隆治著『一億特攻を煽った雑誌たち』(一九八四年、第三文明社)の紹介する「婦人倶楽部」昭和二十年三月号巻頭の詩(らしきもの)の末尾にも、

「国の運命は今日にかかつてゐる
それなのに自分はこれでよいのか
ああ特別攻撃隊の神鷲たち」

とある。

「かくて神風は吹く」は昭和十九年大映映画の題名である。原作菊池寛、阪東妻三郎、嵐寛寿郎、片岡千恵蔵、市川右太衛門らのオールスターズキャスト。河野通有一族の勇戦を中心に元寇を描いて「かくて神風は吹く」というわけだ。神風を期待することが戦意昂揚になるという切羽つまった軍官指導層の考えにこたえた作品である。映画評論家飯島正氏も、当時の映画評で、

「『かくて神風は吹く』は国難蒙古襲来をえがき、挙国一致の力をしめそうとした映画である。アメリカ軍の襲来を今や一挙に討とうとするとき、まことに興味ふかい作品である」

「かくてこそ神風の吹くべき張り切った調子で一貫しているのは、大変にいい」（『陸輪新報』一九四四年十一月十四日）（飯島正『戦中映画史私記』一九八四年、エムジー出版）と書いているが、本心から彼はそう思っていたのだろうか。それについての付言はない。

神風特別攻撃隊の名がはじめて発表されたときの厳粛さは、それが恒常化してしまってからは失われ、ついにはうわべの綺麗ごととは裏腹に、軍の内部では隊員への侮蔑にまでいたるのである。神風を呼ぶ声に神は無く、神を信じない者が神を口にするプロパガンダばかりが横行した。神風は特攻隊諸士の命をかけての祈りにもかかわらず、おとずれる気配すらなく、この国民の精神的情況を正し、きよめなければ、敗戦は必至であり、しかもそれを正し、きよめることは不可能に近いと、私には考えられた。

私とはまったく別の立場から、国民の精神的頽廃を正さねばならないと説いた人がいた。戦中矢内原忠雄氏の講演会で、氏がキリスト者としての信念から、「日本の国をきよめねばならない」と説くのを私はきいたことがある。当然氏の立場からは、神風待望論の虚妄は明らかであっただろうし、台風をカミカゼといったりされることはあり得なかった。

おどろいたことに、こういう精神的情況に立ちいたったのは、ジャーナリズムのせいではなく、最初の特攻出撃のときに由来するものであるとわかったのは、最近のことである。『神風特別攻撃隊の記録』（前掲書）を読むと、猪口力平氏は次のようなことを書いている。

「そこで私は玉井副長に、

『これは特別のことだから、隊に名前をつけてもらおうじゃないか?』

と言って二人で考えた。その時、ふと思いついて、

『神風《しんぷう》隊というのはどうだろう?』

すると玉井副長も言下に、

『それはいい、これで神風を起こさなくちゃならんからなあ!』

と賛成した」

何のことはない。神風のプロモーター気取りなのだ。当初から神なき神風であったのだ。

そのあと彼は大西長官の承認を求める。

「『これは特別のことですから、隊名をつけさせていただきたいと思います。玉井副長とも相談しましたが、神風隊とお願いしたいと思います』

と私は申し出た。すると暗闇の中で、

『うむ』

とうなずく長官の力強い気配が感じられた」

これは昭和十九年十月十九日深夜のことで、それより前、十月十三日大本営海軍部から大西あての電文に、神風攻撃隊および諸隊の名称がのっているという矛盾を、柳田邦男氏が指摘したことについては前にふれた。しかしここでは猪口らの言動だけをとりあげて問題にした。

無神論者の筆頭大西中将も同断だ。昭和二十年二月下旬、彼は上海から来た児玉誉士夫からもらった墨と筆で「ときどき揮毫するようになった。『青少の純　神風を起す』と大きく書いた」という(生出、前掲書)。彼も意識して神風をよびこもうとするプロモーターであった。神の何のと言いながら、気安くつきあえる相手としか思っていなかったのだ。これが東郷元帥との違いである。それゆえ「皆はすでに神である」といった相手の神たちを、将棋の駒のように使い捨て、これまでしなければ和平にもっていけないという証拠にするというような、方便にさえしてしまうのである。

予備学生は面と向かって消耗品といわれ、さげすまれていたが、特攻隊員たちも例外ではなかった。神なきやからが「神よ神よ」と言いながら、彼らを内心軽蔑していた証拠は、隊員の日常生活に対する干渉、目標不明や故障で帰還した隊員に対する仕打ちなどで明らかであるが、軍首脳部によって彼らが徹底的に侮蔑されていたことを物語る事実が、草柳氏の前掲書に出ている。

「大西中将を〝暴将〟ないし〝愚将〟とする意見がある。ある高官は、声をひそめて『君、特攻は大西君の〝猿マス〟だったんだよ』とさえいった。猿に自慰を覚えさせると、精力をつかい果すまで続ける、それと似たようなものだというのである」

一読して私は目を疑う思いであった。戦後まもなくの頃から今日まで、特攻隊の死を犬死と非難する論者はいたが、彼らをここまでさげすみ、その英霊を冒瀆した者を私は知らない。神風特別攻撃隊が楽屋裏では猿マス特別攻撃隊であったと知ったら、誰が特攻に出ただろう。

　むかしこれに似た論があった。福沢諭吉の楠公権助論である。明治七年（一八七四年）

彼は『学問のすゝめ』第七編で次のように書いた。権助とは下男の名である。

「旦那に申訳にて命を棄てたる者を忠臣義士と云はゞ、今日も世間に其人は多きものなり。権助が主人の使に行き、一両の金を落して途方に暮れ、旦那へ申訳なしとて思案を定め、並木の枝にふんどしを掛て首を縊るの例は、世に珍らしからず。今この義僕が自から死を決する時の心を酌で、其情実を察すれば亦憐む可きに非ずや。使に出で、未だ返らず身先づ死す。長く英雄をして涙を襟に満たしむ可し。主人の委託を受て自から任じたる一両の金を失ひ、君臣の分を尽すに一死を以てするは、古今の忠臣義士に対しても毫も恥づることなし。其誠忠は日月と共に耀き、其功名は天地と共に永かる可き筈なるに、世人皆薄情にしてこの権助を軽蔑し、碑の銘を作て其功業を称する者もなく、宮殿を建て、祭る者もなきは何ぞや。人皆云はん、権助の死は僅に一両のためにして、其事の次第甚だ些細なりと。然りと雖ども事の軽重は金高の大小、人数の多少を以て論ず可らず。世の文明に益あると否とに由て其軽重を定む可きものなり。然るに今彼の忠臣義士が一万の敵を殺して討死するも、この権助が一両の金を失ふて首を縊るも、其死を以て文明を益することなきに至ては、正しく同様の訳にて、何れを軽しとし何れを重しとす可らざれば、義士も権助も

共に命の棄所を知らざる者と云て可なり」（森田康之助『湊川神社史』一九八七年、国書刊行会）

明治五年に湊川神社が創建され、楠公崇拝熱がわき起こってきたのに水をさすこの文章に、楠木正成の名は出ていない。しかし当時の読者には、一読してそれとわかるものであった。その後福沢も、非難に対する反論には、楠公の名を出して応じてゆくのである。この楠公の討死は文明の発達に寄与しない点で、権助の死とどこに違いがあるかという論旨は、楠公権助論の名の下に大いに物議をかもした。

囂々たる非難攻撃に対し、福沢は同年十一月七日付の「朝野新聞」と「日新真事誌」の両紙に長篇の論文をのせて反論し、しばらく論争が続いた。楠公と権助をならべる極論によって、文明という価値基準を闡明するため世間に衝撃を与える啓蒙的効果は十二分にあったが、論理そのものは杜撰であった。楠公の死は歴史的思想的に検討すべき問題をのこし、権助の死も心理学的検討をすれば、一面的に理解してすむものではない。だがここではこれ以上ふれないことにする。特攻隊の精神は楠公に通じるものがあり、隊名も楠公ゆかりのものが多い。それで楠公権助論をとりあげたのである。

特攻猿マス論の衝撃は楠公権助論の比ではない。権助は下男といえども人間である。福沢もこれを義僕とする。だが前者は特攻を動物の性行為にしてしまった。特攻隊の神聖を猿の自慰になぞらえるような卑猥下劣な発想は、まともな人間のすることといえるだろうか。このような比喩を思いつく人間は、すでに畜生道に堕ちているというべきではないか。草柳氏の態度も奇怪きわまるものだ。人でなしとしかいいようのないこの冒瀆に対して、氏は何の反応も示さず、もちろん批判を加えることもなく、淡々として論旨をすすめてゆくのみである。まるで巧みな比喩と感心して引きさがったかのようだ。だが多少心のやましさが残ったのか、発言者の名を出していない。この書でこの発言者だけが故意に名を伏せられているのである。重大な発言であるから、草柳氏のノンフィクション作家としての良心が問われることである。発言者とともにおのれの態度が批判されることを、おそれているかのようだ。

特攻猿マス論の出どころは誰か。草柳氏がノンフィクションのルールに違反してまで明かさない発言者を推理してみよう。言葉づかいからして、それは大西と同等あるいは同等以上の「高官」にちがいない。しかも仕事のうえで近い関係にあったことが考えられる。その中でこういうシニカルで傍観的な発言をする人物、評論家的知性をもつ人物として、真っ先に私の念頭にうかぶのは、井上成美大将をおいてない。その根拠は、すでに彼について断片的に書いてきたことで足りると思われる。それ以外には、伝記によって知った彼の人物である。その一例を次にあげてみよう。

昭和十七年五月七日にはじまる珊瑚海海戦で、翌八日大損害をうけて敗走中と思われた米艦隊に対し、第四艦隊司令長官井上中将は部下の原忠一少将に追撃命令を出さず、その夜連合艦隊司令長官山本五十六大将から追撃督促の命令を受けたが、時すでにおそく、捕捉することができなかった。これが井上弱将論の根拠となり、昭和天皇から「井上は学者だから、戦はあまりうまくない」と言われることにもなった。その模様を生出寿氏は『凡将山本五十六』（一九八三年、徳間書店）で次のように書く。文中土肥とあるのは作戦参謀を兼ねていた航海参謀土肥一夫少佐である。

「攻撃隊が帰ってきて、無疵の瑞鶴に着艦しはじめると思われるころ、土肥が『総追撃』の命令書を作成し、先任参謀の川井巌大佐、参謀長の矢野志加三大佐らのサインをもらって、井上に提出した。すると井上は、左手の人差指で命令書をたたきながら、

『間に合うかい』

といった。土肥は井上がなぜそういうのか不審に思ったが、自信があったので、

『間に合います』

と答えた。井上はそういう土肥の顔を注視していたが、

『そうか』

といって、自分もサインをした。

土肥は命令書を井上から受け取り、すぐさま隣りの暗号室にまわした。

ところが約五分後に、暗号室から大声がかかった。

『第五航空戦隊司令官より、ワレ北上ス』

第五航空戦隊司令官とは原忠一少将で、北上というのは、南方にいる米国機動部隊の残存艦隊からはなれるということである。

土肥がその電報の発信時刻をただすと、十五分前であった。こちらからの『総追撃』電報が原のところへとどくのは、やはりこれから十五分後になる。五航戦の北上開始から約三十分後である。

そのころはもはや、五航戦の戦意は消えているであろう。

思わぬ結果にどうすべきか、土肥は迷った。そのとき、井上がいった。

『攻撃を止め北上せよ』

まるで分かっていたようであった」

「珊瑚海海戦が終わったあと、参謀の土肥は井上に聴いてみた。

『長官は、私が追撃命令書を提出したとき、どうして、「間に合うかい」といわれたのですか?』

ところが井上は、にこっと笑っただけで何も答えなかった。

それから何日かたって、土肥がもういちどおなじことを聞いた。しかし井上はやはり笑っただけであった。

それについて土肥はいう。

『井上さんは原さんの性格をよく知っていて、私が追撃命令書を提出したときは、原さんはもう北上をはじめていると見ていたと思う』

だからといって井上の総指揮官としての責任が消えるわけではないが、井上の『攻撃を止め北上せよ』という電令の一つの理由がここにあったと思えるのである」

ここに見られる井上の言動は、司令長官ではなくて、まるで観戦武官のそれのようである。傍観的な批評家のような姿勢である。自分が最高司令官として直面している戦闘においてこれであった。特攻命令を出しつづける大西の姿を横から見ていて、揶揄的な批評をしたとしても不自然ではない。私のこの推理を草柳氏は肯定されるだろうか。否定されるだろうか。否定して実名を明かされるだろうか。それとも黙殺して、死ぬまで秘密を守り通されるのだろうか。

氏の『特攻の思想』が公刊されて二十年余、特攻猿マス論は誰もとりあげて問題にしない。私がこれにこだわるのは、草柳氏のように特攻猿マス論を黙認しておいて、何が特攻美談か、何が特攻讃辞かという気持ちからである。

ここまでで私はこの章を了えるつもりで書きすすめてきた。ところが特攻猿マス論が戦中のものであったのに対して、英霊蛸八論なるものの現存を知ったので、続けねばならなくなった。英霊には特攻もふくまれるからである。論者は岩波文化人の一人、教育学者で、東京都立大学総長の山住正己氏である。『子どもの歌を語る』（一九九四年、岩波新書）に

「戦時下の替え歌」と題して、紀元二千六百年記念奉祝歌が、煙草の値上げで「民は泣く」という替え歌にされたことを紹介したあとに、次の文章がある。
「少年たちに、煙草値上げの替え唄よりももっと強い衝撃をあたえたのは、同じ年につくられ、高峰三枝子のうたった『湖畔の宿』（佐藤惣之助作詞・服部良一作曲『山の寂しい湖に　ひとり来たのも　悲しいこころ……』）のつぎのような替え歌である。

『きのう召された蛸八《たこはち》が　蜂に刺されて（あるいは「弾丸《たま》にあたって」）名誉の戦死　蛸の遺骨はいつ帰る　骨がないので帰らない　蛸の親たちゃ（あるいは「かあちゃん」）かわいそう』

なんとも寂しく悲しい歌である。これを聞く人の多くは、はじめの『蜂にさされて』というあたりまでは笑うのだが、しだいに笑いはしずまり、『骨がないので帰らない』というくだりにくると、しーんとなり、たんに悲しいというだけでなく、怒りがこみあげてきた。そういう感情は小学校高学年の子どもでも同じであった。しかしこのような厭戦気分の歌をうたう機会や場は官権によりしだいに奪われ、まもなく八・一五を迎えたのである」
山住氏は一九三一年生まれだから、この替え唄のつくられた昭和十五年（一九四〇年）は九歳前後で「少年たち」にはご自身も入るわけだ。だから少年時代の印象を物語っていられると考えて、間違いではあるまい。この時代にこの歌を聞いて、はじめ笑って次に悲しくなり、怒りがこみあげてきたという少年がいたとすれば、むしろ異常である。「そういう感情は小学校高学年の子どもでも同じであった」というのも事実ではない。というよりまったくの嘘だ。皇国少年といわれた世代にあって、こういう感情をもつ少年は、幼時から反戦的厭戦的な大人たちの間に育った、ごく一部の例外的な者にしかあり得なかった。昭和十二年の日中戦争勃発以来、街は軍国色にあふれ、子供たちも軍歌や戦時歌謡をおぼえ、講談社などの少年雑誌も軍国調ばかりであった。

「このような厭戦気分の歌をうたう機会や場は官権によりしだいに奪われ」というのも事実に反することである。もともとこういう歌は人前では絶対にうたえるものでなく、うたうべきものでもなかった。まして公けの場で発表されることは絶対にあり得なかった。昭和十二年の秋、この年発表された「露営の歌」と明治の軍歌「戦友」が、勇壮でないからうたわないようにという通達があったと、中学の音楽教師金健二先生が五年生の私に言われた。どこからの通達かということはたずねなかった。山住氏も「戦友」について同様のことを書いておられる。ともかくそういう時代にこの替え唄がうたわれたとすれば、仲間うちでこっそりうたうしかなかったはずだ。今でいうアングラソングである。私がこの歌の存在を知ったのは、戦後も二、三十年たってからであった。少年時代にこの歌に親しんだ山住氏の生活環境は、当時では異常であったと考えるほかはない。「しだいに奪われ」ではなく、はじめからなかったのだ。

当時の日本人だったら、こういう歌を子供がうたったら、叱りつけていただろう。私もそうしたにちがいない。戦前戦中の国民的信条であった「名誉の戦死」を否定するなら、堂々と批判すればよい。潮笑と揶揄は下賤の者のすることだ。「海ゆかば水漬く屍、山ゆかば草むす屍」となって遺骨のかえらなかった戦死者の家族の悲しみに対して、「蛸のかあちゃんかわいそう」とは、何という下品なからかいであろうか。蛸八とはそのころの子供向け漫画「蛸の八っちゃん」のことである。戦後軍隊を批判するアングラソングに気のきいたもののあることを知ったが、英霊蛸八論のアングラソングは最低だ。というよりはあまりにもひどすぎる。

私の尊敬する中学同級生の田路《とうじ》嘉鶴次《かつじ》君は海兵七十期の大尉で、駆逐艦桑の水雷長として人望があった。昭和十九年十二月二日夜、比島オルモック海域の戦闘で集中砲火を受け、乗艦は撃沈され、彼は還らなかった。クラスの組長をしたこともあり、最高学年の五年生の時は校旗旗手をつとめ、全校の先頭に立った。私の属した柔道部の主将でもあった。

卒業アルバムの寄せ書きに、サインとともに30という数字だけが書いてあった。不思議に思ったが会う機会がなかった。別れてしばらくしてから彼の手紙が来た。それには30のことが書いてあった。

「君は寄せ書きの30の数字を見て不審に思っただろう。君にだけそのわけを打明けようと思う。僕は三十までに死ぬ。そう覚悟をきめたのだ。海軍に入って国の為に戦うからには、三十まで生きることはない。

もし万一三十をこえて生きのびることがあったなら、大人物になっているだろう。だが、その可能性は無いのだ」

30という数字の思いがけない意味が、私の胸をつらぬくような衝撃を与えた。粛然として身のひきしまるのを覚えた。

彼は早くから父を喪い、母と兄と三人家族で育った。戦中に私が中学同級の竹田谷寿君の留守宅をたずねたとき、彼の母上から、少し前に休暇で神戸を訪れた海軍士官姿の田路君の話を聞いた。

駆逐艦同士対抗の柔道試合に勝って、艦長から褒美のビールをたくさんもらったが、自分はのまないので部下にやってしまい、ひとりコーヒーか何かをのんでいたという話などしていたが、そのうち何だか思いつめた様子で、もじもじしていて落ち着かない。それで竹田谷君の母上が、

「あなた、まだお母さんにお会いになっていらっしゃらないのでしょう。時間はいいのですか？」

とたずねられた。すると彼は、

「会いたいのです。しかし会ってから別れるのがつらいのです」

と言って涙したという。私はそのあと彼が母君に会ったかどうか、その結果を聞いたかどうかも忘れてしまった。

それから五十年、クラスの集まりで彼の思い出話が出たので、私もこの話をした。すると途中で突然涙があふれてきて絶句した。おまけに洟水までが出てきて、老醜無残を実感させられてしまった。私には忘れられない友である。いつも西郷南洲が月照をしのんだ詩の一節、

頭《こうべ》を回《めぐ》らせば十有餘年の夢
空しく幽明をへだてて墓前に哭《こく》す

とともに彼の面影をしのんできた。夢によく出てきてくれたものだったが、最近はそれも減ってしまった。年のせいだろうが、淋しい。当然のことながら、彼の遺骨はかえっていない。海中に沈む最期の時に、思いうかべたのはやはり母の姿だっただろう。彼にとって今ごろ英霊蛸八論などうたうやからなど気にかけるまい。腹を立てるのは生き残った私だけでよい。

もう一人ここで書きとどめておきたいのは、さきに記した回天乗組の久住宏中尉のことである。回天が故障して浮上するところを、発進してきた母艦の潜水艦乗組員をまもるた

め、みずからを犠牲としてあえて浮上せず、そのまま海中に没していった彼も、遺骨はかえらなかった。海底のしじまの中で、息絶えるまでのしばらくの間、彼はどんな思いであっただろうか。

特攻機で突入散華した人たちは、すべて遺骨はかえってこない。陸軍でもアッツ島やマキン島で玉砕した人たち、ガダルカナル、ニューギニア、インド亜大陸のインパールで屍を山野にさらした人たち、みな遺骨はかえってこない。それらを蛸八にしていいものか。厭戦反戦を訴えるのに、このような替え唄をかりねばならないのか。

この書の「あとがき」には、山住氏がこの歌をコンサートでうたった話が出ている。「作曲家の林光氏を中心につくられた『国歌を考える会』主催による『国について　歌について』と題するコンサート」が一九八四年から九〇年にかけ、「北は山形から南は沖縄まで一〇回あまり開かれた」と書き、参加者の有名人の名をあげたあと、次のように書く。「こういう第一線の音楽家諸氏とともに舞台に上がるのは、なんとも面映ゆいことだが、めったに得られぬいい機会だと思って積極的に企画をたてた。そしてこのコンサートでは、いろいろなことがあった」

「福岡市・田川市と二夜連続で公演を行なったのは一九八八年九月末であり、このときにも忘れられない発言があった。そのころ、街角には天皇重態を知らせる号外が貼られ、長崎おくんち・京都時代祭等々、多くの人びとが楽しみにしていた祭や音楽会の中止など、

『自粛』がひろがっていた。当夜、坂田（明）さんは『〝自粛〟とかで、早くも二つのコンサートが取り消しとされた。今夜はそのぶんも取りもどすつもりで、思い切り演奏します』と憤懣やる方ない、同時に大いに意気込んだ表情で語り、さかんな拍手を受けた。

またあるとき、林さんから『君だけうたわないのはけしからんね』と言われたので、それでは、ということで、本書にものせておいた『湖畔の宿』の替え歌などをうたったことがある」

この下品な歌を公衆の面前で臆面もなくうたうことのできる教育学者とは、いったい何だろう。教育者としての職もおありのようだが、少なくとも品位というものを教えることは無理ではないか。

このコンサートは山住氏が、

「このコンサートを財政的に支援してくれたのは、こういう文化活動を尊重し、しかも表には出ないで積極的に後押ししてくれたころの日教組であり、直接にこの企画を担当してくれたのは、その本部教育文化局書記の志沢小夜子さんであった。彼女の努力なしには、このコンサートはとても実現できなかったと思う」

と書くように、「国歌を考える会」といっても、君が代に対して好意的なものではあるまい。当然反戦的であろう。だがそれはそれで、意見の主張は自由である。しかし品位のない英霊蛸八論をおし出して、ものほしそうに笑いの共感をもとめ、それを反戦宣伝の手段にするのは、おのれみずからをもいやしめることであると自覚していただきたいものだ。蛸八の替え唄が何かの役に立つと思うような運動に、将来性の無いことは断言できるだろう。

「愛国心とはろくでなしの最後の逃げ場所だ」(Patriotism is the last refuge of a scoundrel.) ――サミュエル・ジョンソン（一七〇九―一七八四年）のこの語は、戦後しばらくの間、ナショナリズム攻撃のためによくもちだされたものである。ところが戦後五十年、今や愛国心という語は、われわれの国には影も形もない。それにかわってのさばるのは平和であり反戦である。平和といい、反戦といえば、錦の御旗をもちだしたにひとしく、誰もが黙る世相である。むかしの愛国心が堕落したように、平和と反戦が頽廃するのも当然だ。ジョンソンがみたら「平和とか反戦とかはろくでなしの最後の逃げ場所だ」と言いだすかもしれない。英霊蛸八論を掲げるやからをみればそうも言いたくなるではないか。

英霊蛸八論よりひどい例を一つだけあげておく。ゾルゲ事件の尾崎秀実の評価である。谷沢永一氏は『こんな日本に誰がした』（一九九五年、クレスト社）で次のように書いた。

「日本が、北進、すなわちソ連と事を構える考えを捨て、南進、つまり石油を求めて南方へ向かおうと決めた秘密の決定を、尾崎はゾルゲを通じてソ連に通報した。それによってスターリンは心配なく軍隊をヨーロッパへ移すことができたのである。自分はソ連のために役立った、ということは世界が共産主義化されるために尽《つ》くしたのだ、そう確信して誇《ほこ》りを持って、尾崎は絞首刑台の階段を昇ったことであろう。そのソ連があえなくも崩壊した。尾崎は売国奴という行為を記録に残したにとどまるのである」

ところが「新潮45」一九九五年六月号の「レクイエムエッセイ」で、尾崎は新潮社企画室の無署名記事によって、「秀実さん」とくりかえし親しく書かれ、「ゾルゲ事件で処刑された平和主義者」（表題）にされている。そして「昭和十九年十一月七日、四十三歳の悲劇的生涯を終えた秀実さん」と国家権力の犠牲者にしてしまった。

この記者は「秀実さんは『日本が南進して、米英と戦う。日本の対ソ攻撃なし』という御前会議の極秘情報を入手し、ソ連のスパイだったゾルゲに報告したのである」と書く。ゾルゲはスパイだったが、報告した尾崎はスパイではなかったと言いたいらしく、尾崎秀樹氏の次の言葉をのせる。だが尾崎秀実自身裁判の上申書の中で、自分のことをスパイといっているのだ。

「兄は戦争に反対しました。当時の日本は戦争反対の勢力を根絶やしにしようとしました。ドイツはナチスの時代で、兄はソビエトを一つの平和勢力と確信し、そのために挺身したのです。兄は国際組織の一員として、日本をどうすれば平和にできるか、そのために情報収集をし、第三国に通報しました。この事が国を売ったとみられたのです」

「処刑されて五十年たちますが、依然として一部に国を売ったという認識が残っており、完全にふっ切れていません。また事件のナゾも残っています」

　白昼公然たる嘘とはこのことか。「第三国」とはよく言った。尾崎がゾルゲの下で働いたのは昭和九年からであるが、昭和十二年六月黒竜江のカンチャーズ島事件、昭和十三年七月北鮮の張鼓峰事件、昭和十四年五月から九月へかけてのノモンハン事件、いずれも日本陸軍と戦闘を交えた敵国のソ連を、尾崎秀樹氏は「第三国」と言うのだ。その「第三国」は、日本が潰滅寸前になったとき、日ソ中立条約を破って日本領土を侵略し、致命傷を与えるのである。その「第三国」のスパイに国家の最高機密を流しておいて、「国を売ったとみられた」とはあつかましいにも程があるというべきだろう。売った事実を事実としてみられただけのことだ。

　尾崎秀樹氏は「兄は国際組織の一員として」日本を平和にするため、第三国に情報を流したというが、スパイ行為が平和に役立つという論理の飛躍は、誰も素直に納得しないだろう。「国際組織の一員」とは、言いも言ったりだ。国際組織にも、ロータリークラブとかグリーンピースとか、いろいろなものがある。だが尾崎がその一員となった国際組織とは、そういうものではなく、レッキとした国際スパイ団であった。その中で尾崎はゾルゲの最も忠実で、最も有能な部下として働いたのである。ゾルゲはスパイだったが、尾崎はスパイではなかったという言いわけは成り立たない。これは尾崎の業績内容からも明らかであるが、彼らの行動がわれわれの観るスパイ映画そのままの、マニュアルどおりのものであったことからもいえることである。彼らは会ってもお互いの実名は用いなかった。リヒアルト・ゾルゲはラムゼイまたはフィックス、尾崎秀実はオットー、宮城与徳はジョーというコードネームが用いられていた（ゴードン・W・プランゲ『ゾルゲ東京を狙え』一九八五年、原書房）。木下順二氏が戦後「オットーと呼ばれる日本人」という戯曲に書き、上演もされているとおりである。電話や料亭での会話には英語が用いられた。ソ連のことはアワーカントリーといっていた。

「新潮45」の無署名の記者は、まるでゾルゲ・尾崎のシンパのような扱い方をしたが、「週刊新潮」も一九九四年十二月十五日号の「掲示板」に、尾崎秀樹氏の短文をのせた。それにはゾルゲ事件のことを「スパイ事件とされましたが、彼らの真の目的は戦争に反対し、平和を求める行動でした」と書いてある。今の日本ではこれが免罪符であるかのようだ。

一九八七年（昭和六十二年）四月二十五日付毎日新聞夕刊（大阪）は、大阪における「国家秘密法の国会再上程を阻止しよう市民集会」での尾崎秀樹氏の講演を記事にとりあげた。「晃」という記者のペンネームで「尾崎氏はまず、ゾルゲも尾崎秀実もスパイではなかったと指摘した」と書き、共産党をつぶすため、官憲が「スパイ攻撃を仕立てあげたのだ」と氏が述べたと書いた。

同年四月九日付同紙夕刊は永守祐一編集委員の署名入りで、『愛情はふる星のごとく』を「ゾルゲ事件の犠牲者・尾崎秀実の獄中日記」と解説した。ゾルゲ事件の最大の犠牲者は大日本帝国であり、日本国民であったことを、すっぽりと視野からはずしてしまっているのだ。

新潮社とともに毎日新聞はゾルゲ・尾崎のシンパのような態度をとるが、テレビにもそれがあった。一九九四年（平成六年）一月二日のテレビ「知ってるつもりスペシャル〈スパイ王伝説〉」で、司会の関口宏氏はゾルゲを心底からの平和主義者とたたえ、尾崎秀実を反戦平和運動のために処刑された犠牲者と結論した。あげくには、彼が獄中から妻子にあてた、書簡集『愛情はふる星のごとく』の手紙を紹介し、お涙頂戴の悲劇にしてしまったのである。事実ゲストの加山雄三氏、森光子氏らは、芸能人らしく単純に感動して涙をうかべ、口ぐちに彼の志を生かして平和を守りましょうと言いあったものである。

尾崎の刑死を不当として同情する人はインテリゲンチャの中にもいる。その一例は東大教授菊地昌典氏である。「尾崎ゾルゲ事件」と題した論説で、裁判時の尾崎の上申書を中心に、次のように書いた。

「尾崎とゾルゲは、治安維持法、国防保安法、軍機保護法、軍用資源秘密保護法という四つの法律で死刑となった。いずれも、いまの民主国家日本では稀代の悪法と評価されているものばかりである。しかし、『スパイ』という汚名は相変わらず彼ら関係者の名に冠せられている。彼らは、国を売った裏切り者であるのだろうか」

「（上申書は）この国家に叛逆することこそ、救国であるとの確信の披瀝であり、この行為が大罪であるとの自覚のいりまじった、尾崎の内面的な苦悩をにじませている記録といえよう」

「彼らは反戦と世界平和の樹立に確固たる哲学をもっている人物であり、それを実践に移したのである。それが『スパイ』と断罪されたのであった。あと十カ月、彼らの処刑がのびていたならば、共に戦後の複雑な国際政治に、その持てる能力を十分に発揮しえたことであろう。尾崎の『生きたい』という一念のにじみでている『上申書』を読むにつけ、惜しい人物を喪ってしまったとの感が今でもわきあがるのを禁じえない」（毎日新聞、一九八五年十月三十日夕刊）

菊地氏は尾崎が戦後を生きていたら、どんなに活躍しただろうかと残念がられる。だがいかに崇高な目標を掲げようとも、祖国を売るスパイは卑劣な人間のすることである。スパイはいかなる場合もみずからの正体をかくし、みずからをいつわり、周囲の人たち、親友でも家族でさえも裏切らなければ、おのれの目的をとげることができない。スパイになるためには、その心のやましさを克服することのできる性格的要素が不可欠なのだ。グイド・クノップは『トップスパイ』（一九九五年、文藝春秋）の中で、世界のトップスパイたちにはいろいろなタイプの人がいる。「だが一点だけ共通項がある。それは『母国を裏切る勇気』である」と書いた。尾崎秀実はすぐれた才能の持ち主であったが、この人格的欠陥のゆえにスパイになることができた。そしてその有能さによって国際スパイ史上最高の業績をあげることができたのであった。

菊地氏が望まれたように、もし彼が、戦後の日本を生きのびたと仮定しても、そのスパイ人格、スパイの性《さが》がかわるわけがない。思想界あるいは左翼運動のリーダーとして、一世を風靡したかもしれないが、その裏では、冷戦時代に水を得た魚のごとく、自由に泳ぎまわり、死刑の心配なしに日米の国家機密をソ連に流して、「アワーカントリー」に奉仕したことであろう。それが日本および日本人を救う道だと称して。

尾崎秀樹氏はさきの「新潮45」の記事の談話中に、

「平和な時代であれば、ゾルゲは優秀な政治学者になっていただろうし、秀実も中国問題の研究者か評論家で活躍していたと思います。それぞれそんな片鱗がありました」

と言っているが、これは事実を枉《ま》げるものである。ゾルゲはともかく尾崎秀実に関するかぎり、平和な時代でなかったから、そういう活躍ができなかったというものではなかった。なぜなら彼は戦中すでにその望みをとげて、活躍していたからだ。中国問題の研究者、評論家として、群を抜いた存在であったことは、誰もが認めるところであった。だからこそジャーナリストとして、国家の最高ブレインにまで入りこむことができたのである。慎重な彼は筋金入りのコミュニストであることを知られないように要心していたので、戦時下の日本にあって、尾崎秀樹氏が平和の時代で想定したような地位も名声も、すでに獲得していたのであった。収入も豊かであったから、金のためにスパイをする必要はなかった。

スパイさえしなかったら、そのままでジャーナリストとしても、評論家としても、超一流の存在でありつづけたであろうことは、想像にかたくない。

彼自身は理想のための行動であると自覚していたにちがいないが、死刑の危険をおかしてまで、スパイ活動にのめりこむ心理的な衝動を無視することはできない。アルピニストたちが危険な岩壁に挑戦し、それをたのしむのと同じ心理がなければ、検挙されるまでの七年間、上海時代を入れれば十一年間、スパイという危険な行動が継続できるはずがない。世界でも屈指のスパイたるためには、その適性が必要なのである。いたずらに反戦平和という思想的な面からのみ、彼の人間像をつくりあげるのは一面的である。心理学的アプローチが、もっとなされねばならないと私は思う。だいぶ前のことだが、彼がコレクションマニアであったからスパイになったという説をきいたことがある。しかし情報収集マニアといえば、たいていの学者があてはまるのではないか。

彼はよくいわれるように反戦思想、平和思想のゆえに処刑されたのではなかった。スパイのゆえに処刑されたのである。反戦主義、平和主義に殉じたのではない。アワーカントリー、ソ連に殉じたのである。ソ連に殉ずることが反戦平和に役立ち、日本および日本人を救うと考えてそうしたのであった。彼が人目をしのび、かげにかくれたスパイという陰湿な卑劣な行動を選ばず、正々堂々と表に出てたたかい、そして国家権力に殺されたのなら、私も満腔の敬意を表するにやぶさかでない。むかし読んだロジェ・マルタン・デュ・

ガールの『チボー家の人々』の終章「一九一四年夏」で、若いジャック・チボーが死を賭した反戦行動に出る場面の感動は今も忘れない。六〇年安保の時に殺された東大文学部国史学科学生樺美智子氏の記憶はいまだに生々しい。彼女は私の出身中学の後身、神戸高校の同窓である。

戦争はわれわれの周囲に多くの不幸をもたらした。いかにして戦争をふせぐか、平和をまもるかは、身命を賭してあたるべき問題である。英霊蛸八論をかつぎ出したり、スパイをスパイでないと強弁するような、口先だけのいたずらに正義ぶった反戦平和の運動によって、それが可能であるとは思えない。まして関口宏氏や加山雄三氏、森光子氏のように、尾崎・ゾルゲ事件をお涙頂戴の悲劇に仕立て上げ、平和の尊さなどと言ってみても何の役にも立たない。尾崎秀実とその家族の悲劇は、不当な日本の国家権力がもたらした犠牲ではない。それは尾崎のみならず、世界中のすべてのスパイがもつ宿命であったのだ。前出『トップスパイ』にも、次のように書かれている。

「スパイ事件は常に心理ドラマであり、主役はスパイの妻である。……トップ・スパイたちの最初の犠牲者は、妻たちだった」

第八章　英雄にされた殺戮者

「百万人を殺す人は英雄とたたえられ、一人殺す者は死刑になる。人殺しはたくさん殺したほうが勝ちなのか」

これは映画「チャップリンの殺人狂時代」（一九五二年、米）で主人公アンリ・ヴェルドゥののこした捨てぜりふであった。ヒトラーを諷刺したものであったが、二千万特攻をとなえた大西中将にもあてはまる言葉だといえる。特攻という残酷な戦法が継続されるためには、隊員たちが美談の主人公とされるとともに、命令者の大西が英雄でなくてはならなかった。陸海軍を通じて特攻の司令官で戦後自決したのは大西だけであった。大西に特攻長官たることを命じた首脳部も、大西の手下として部下に特攻を指名し、命令した者も自決しなかった。回天の司令も死ななかった。彼らにしてみれば、生き残って恥なきためには、大西が罪人ではなく、全能の英雄ですべてを支配し、たたかい敗れてはすべての責を一身に背負い、彼らの罪をもあがなう悲劇の英雄でなければならなかった。そのために彼らは特攻美談を流布し、大西を讃美した。

民間人もそれに一役をかって出て、大西を悲劇の英雄に仕立てあげるのに協力した。草柳氏はそれを最も巧妙に演じた一人であって、大西の声価を高めるのにあずかって力があった。氏は軍人の手前味噌と区別されるために、一応暴将とか愚将とかいう非難のあることにふれておいて、彼を一〇〇パーセントほめるわけではないが、といったジェスチュアをとりながら、英雄たるべき属性として、彼の傑出していたことを示す逸話伝説などを持ち出し、飾り立てて偶像化していった。だが『特攻の思想』が文庫本にまでなって、世に受け入れられているようでも、それにはあばたもえくぼのようなところが見られ、論理も矛盾があって、偶像化したつもりが、虚像であったようなことになってしまった。

『特攻の思想』に「大西郷を科学したような男」という小題で、次のようにはじまる文章がある。

「戦時中、橋田文相が『科学する心』という言葉を使ってから、この妙な日本語が各界で流行したが、海軍の若い将校たちも大西瀧治郎に対して『大西郷を科学したような男』という讃辞を呈している。

この『大西郷を科学したような男』という評言は、言葉としては妙であるが、大西の『特攻』に至る思想を、きわめて悲劇的にいいあてていると思う」

そして大西が西郷南洲の文章を米内光政や山本五十六におくった話をあげたあと、大西が「〃暴将〃もしくは〃気違いじみた軍人〃」ではない、「むしろ〃論理の将校〃であると思う」と持ち上げる。だがこれはまったく草柳氏の買いかぶりであった。

大西が大西郷に傾倒し、その遺訓を重んじ、人に示していたことは事実であろう。ついには前述のように、「おれもゆく、わかとんばらのあと追いて」と南洲の言葉を口にしたり、筆にしたり、大西郷気取りであった。ところが大西の人格は、まったく西郷と相容れないものであった。大西は、一例をあげれば、比島から台湾へ転出する際の飛行場で、見送りの態度が悪いといって、一航艦司令佐多直大大佐を右拳で殴りつけた前記の有名な出来事をはじめ、部下に暴力をふるうことを何とも思わなかった。ところが西郷という人は、上の権力に対しては強いが、目下の者に対して、つねに謙虚な態度で接する人格であった。おのれの権力を部下に対する暴力で示すことなど、逆立ちしてもできない性格の人であった。腹を立てて明治天皇の前で西瓜を拳固でたたき割ったことはあっても、芸者を殴ったりはしなかった。生出氏は門司親徳『空と海の涯て』（一九七八年）を引用しながら、「大西は西郷隆盛を筋肉質にしたような容姿をしていた」（前掲書）と書いたが、中身は西郷とは似ても似つかぬ矮小な人物であった。粗暴とハッタリで英雄豪傑に見えたというにすぎない。

草柳氏は「妙な日本語」と書いたが、「科学する」という橋田邦彦氏の造語については、氏が昭和十五年七月第二次近衛内閣に文相として入閣される前、第一高等学校の校長をしておられたとき、私は学生として倫理の講義できいたことがある。

「ドイツ語で科学をヴィッセンシャフト(Wissenschaft)とよぶ。『科学する』とはヴィッセン（Wissen　知）をシャッフェン（schaffen　創造）することだ」と説かれた。

今私の手許に文庫版で七〇頁の文部大臣橋田邦彦著『科学する心』（一九四〇年、亜細亜出版社）という小冊子がある。定価二十銭となっている。それには次のように書かれている。

「本来科学の目指す所は本当の『ものごと』を『ものごと』として摑《つか》むことであります。正しく摑む、誤りなく知る、歪《ゆが》ませないで『ものごと』を摑むことが『科学する』ことでありまして、『ものごと』を正しく、あるが儘に摑むといふことが科学の根本精神であります」

それから「主客一如」「物心一如」「誠」が出てくる。そして「自己のものとして正しく『もの』をつかむ」、それが「科学する心」であって、

「従来科学することに於て正しいことを摑みたい、正しいものを摑みたいといふ事柄を念願として参りました所、是は唯外の物を摑むだけの問題でない、自分を正しく摑まなければならないといふことを切実に体験して参つたのであります」

という説明にいたる。氏は科学者として、当時東大医学部の生理学教授を兼任しておられた。道元に関する著作もあり、また陽明学にも通じておられたという。戦後A級戦犯の指名を受けて拘引されるとき、ご自宅の玄関で青酸カリによる自決をされた。新聞で見た

とき、血の気が引くのを覚えたが、その理由がよくわからなかった。今でも重すぎる責任のとり方であったと思う。

橋田氏の「科学する心」と、「大西郷を科学したような男」という若手将校の讃辞や草柳氏の理解との間には、越えがたい溝があると思われるが、それを無視していうならば、大西は手前勝手な「論理の将校」かもしれぬが、「科学」あるいは「科学する」こととは無縁な非科学的非論理的将校であったといえる。

単純明快な一例は、昭和十四年航空本部教育部長の大西が、海軍次官の山本五十六とともに、「水を石油にかえる法」を開発したという「街の科学者」の詐欺にひっかかったことである。生出氏も「あまりにも非科学的なことであった」と書いた（前掲書）。燃料不足で一滴の油でもほしいときであったが、海軍兵学校の入試に合格する学力があれば、酸素と水素の化合物である水から、炭化水素の石油がとれるはずのないことは、わかりきっているところだった。ところが両人は海軍省、軍令部のスタッフ立ち合いで、発明家に実験をさせたのである。深夜の実験で、最初は一本の試験管内の水が石油にかわっていて成功し、立ち合いの参謀も感心し、興奮した人もいた。しかし疑う人もいて、眠ったふりをしてみていると、男が内ポケットから出した試験管を、実験中のものとすりかえていた。

草柳氏の前掲書によると、

「大西は、インチキ男とその学問的裏付けを行なった東北大助教授某を海軍省内に呼び、

試験管がスケッチしてあったこと、中身が石油になっている管だけがちがっていることを告げ、簡潔に、

『以上で試験はおわりだ』

とだけいった。二人が這々《ほうほう》の態で海軍省を飛び出した途端、まちかまえていた警視庁の刑事が躍りかかって縄を打った」

という結果になったのだが、草柳氏は「刑務所に入った二人に差し入れをしたのも大西である」と大人物の美談めいた落ちに持って行くことを忘れない。だが下世話ではこれを「泥棒に追い銭」というのである。

右は単純な科学的知識欠如の一例であるが、草柳氏の前掲書には、大西が観相学に凝った話も出ている。彼の妻の父親の教え子である水野義人が、パイロットの適性がそれでわかるというので、霞ヶ浦航空隊副長の桑原虎雄に紹介した。航空隊で実験し、教官教員百二十名の適性を甲乙丙三段階に分けさせた。

「水野は、パイロットの顔を一人あたり五、六秒ずつ見て、甲乙丙の評価をつけた。ところが、その的中率は八七％であった。

桑原はおどろいて大西に電話をかけ、水野を海軍航空隊の嘱託にしようと相談、霞ヶ浦海軍航空隊司令の名で『参考トスルハ可ナラン』という上申書をつくり、これを大西に託して各方面を説かせることにした。

ところが、人事局も軍務局も大西の話をきくと吹き出してしまい、『いやしくも海軍が、人相見にたのむとはなあ』とかなんとかいって、相手にしない。そこで桑原は大西を同道して山本を訪れ、事情をくわしく話して、嘱託採用の斡旋《あっせん》方をたのんだ。

山本も山本で、じかに水野を呼んでテストし、観相学の原理まで傾聴したうえ、その場で水野の採用を決定している」（草柳、前掲書）

彼らの非科学性も、幼稚な間違いは愛嬌といってすまされもしようが、作戦上の非科学性は重大な結果を生じてしまうことになる。しかし彼らの地位と権力が批判を許さなかった。生出氏も前掲書でこう書く。

「物欲しさが高じたり、せっぱつまったときはだれも誘惑にかかりやすく、大西と山本の場合もおなじだろうが、両人はのめりこむ気性だけに、一歩誤れば、たいへんなことをしでかしかねない。

山本も大西もバクチ好きで、両人ともバクチの科学などというものまで研究した。しかしいくら研究しても、バクチに常勝はない。それでも両人は、物欲しさが高じたり、せっぱつまると、超合理の世界に踏みこみ、一か八かの大バクチをやる」

山本の場合は緒戦の大バクチが大成功のように見えたが、無通告攻撃で日本は世界中から悪者にされたうえ、戦略的には妥協の余地のない日本潰滅の方針が立てられ、戦術的には航空機による作戦方法のお株をとられてしまった。次のミッドウェイのバクチは、真珠湾の時と同じく正当な反対意見を無視して決行したうえに、油断の重なりから勝利の芽をみずからつみとって惨敗した。これが帝国海軍の命とりになった。

大西のバクチと非科学性も、正当な反対意見を封殺して、犠牲を生みだしてゆく。

昭和十二年日中戦争勃発直後の八月十五日、南京渡洋爆撃で戦闘機をともなわない中攻隊二十機が、損失四機、被弾多数で、使用可能機が半減し、その後も大損害を受け、おどろいた航空本部教育部長の大西は、調査に行って、爆撃に同行までして大損害を受け、被害を体験した。大西は山本とともに戦闘機無用論であったが、生出氏によれば「これでさすがの大西も、九六陸攻でも戦闘機にはかなわないと知ったはずであった」（前掲書）。

ところが昭和十四年、大西が中国派遣の第二連合航空隊司令長官に発令され、十一月はじめ漢口基地に着任すると、すぐ成都太平寺飛行場に対する白昼爆撃を敢行せよと言いだした。この時、火力装備を強化する改修工事中であったので、担当者の武田八郎大尉が、「戦闘機の掩護《えんご》なしに行くのだから、せめて火力装備の強化が完成するまで出撃を待ってもらいたいと進言しようとした。しかし大西の権幕が凄《すご》く、聞き入れられそうもないため、発言を思いとどまったのである。うっかり言おうものなら、

『貴様は命が惜しいか、卑怯者《ひきょうもの》！』

などと罵倒《ばとう》されるにちがいなかった。

しかし、その結果が指揮官機の撃墜となった」（生出、前掲書）

中攻の前下方には旋回銃が装置されてなかった。その死角に対して、右前下方からE16が次々に上昇して指揮官機をねらい撃ちし、宙返り反転する攻撃法に出たための被害であった。十一月四日のこの出撃に際して、「指揮はおれがとる」と言う大西を制して、「いや司令官、それはいけません。指揮は私におまかせください」と、十三空司令の奥田喜久司大佐が出撃し、大西の身代わりとなった。奥田大佐は私の中学の先輩で、昭和十二年前線に向かわれる途中、母校に立寄られたとき、謦咳に接した。私の個人的な感傷からいえば、この時身代わりの奥田大佐でなく、大西が死んでくれていたらよかったのにと思われる。生出氏は前掲書に「だいたい大西は攻撃一点ばりで、防禦にはいい顔をしなかった。したがって科学的で用意周到といっても、片手落ちだったのである」と書いている。

これだけの犠牲を払っておきながら、三日後には蘭州を爆撃しようとした。さきの武田大尉が、こんどは攻撃研究会の席上立ち上がって発言した。

「『いまの火力の装備のままで行けば、敵戦闘機隊は、成都で総指揮官機を攻撃したあの新戦法でかかってくるにちがいありません。あとで攻撃されればやられます。いま操縦席の下に銃架を取りつける工事をいそいでいます。それができるまで、出撃を待っていただきたい。

旅順口閉塞隊《へいそくたい》にも救助のフネをつけていきます。いま工事中の銃架は、旅順口閉塞隊の救助のフネとおなじです。それをつけてやられるならば仕方がありませんが、つけないで行くというのは、救助のフネを出さないのとおなじだと思います。いまのままでは、部下をひき連れて行けません』

とたんに大西は、

『いま聞いていると、部下を連れて行けないなどと言っているが、部下を連れて行けないような指揮官が何ができるかっ』と、激怒して一喝した。

大西はこのときも、自分の成都攻撃作戦の不明を批判されたと感じたのかもしれない。それに加えて、旅順口閉塞隊の救助のフネとか、部下のためというようなことまで言われ、いっそうむかっ腹を立てたらしい。

むかっ腹を立てると大西は我慢ができなくなる。このあとすぐ、武田はぽいと鈴鹿航空隊へ飛ばされた。だが武田が犠牲になったためか、蘭州攻撃は操縦席下の銃架の取り付け工事完了後に延期された」（生出、前掲書）

生出氏は「自分がこうと思っていることにいっさいの批判を許さない高慢性が、山本五十六とおなじように、大西にもあったようである」と書く。

氏はまた昭和十年から昭和十三年にかけて、源田実大尉が大西、山本と組んで戦闘機無用論を推進するのに対し、それを憂慮した柴田武雄大尉が理論的に反対したのを徹底して弾圧したことを記している。大西は柴田が反対論文を発表したことに怒り、昭和十一年四月には横須賀の料亭魚勝でいきなり柴田を殴った。柴田は昭和十三年五月の「十二試艦戦

（のちの零戦）に関する研究会」で、源田説に反対するため「各種戦闘機の空戦性能比較表」を黒板に張った。とたんに大西が「そんなものは机上の空論にすぎないっ」と怒鳴って発表をおさえた。その夜の宴会で大西は柴田を責めて辞職しろと言った（前掲書）。

草柳氏は生出氏の紹介するこのような大西を「論理の将校」というのだ。ひょっとしてこれは「非論理の将校」とするところを書き間違えたのかもしれない。「大西郷を科学したような男」を草柳氏は「いいあてている」と言うが、大西の心は橋田邦彦氏の「科学する心」とは正反対の心である。大西はおよそ科学的思考のできる人間ではなかった。「論理の将校」ではなくて「拳骨の将校」であった。草柳氏の「論理」に対して、桶谷秀昭氏は彼の「合理主義」を説くが、それについては後に論じる。

草柳氏はまた大西を讃美して次のように言う。

「天衣無縫とか、器が大きいとかの表現はあるが、私には大西に男の虚無感が感じられる。男性支配を先入主として持っている男が感じる『もののあわれ』が大西にある」（前掲書）

そして彼は花が好きで、とりわけ月見草を愛し、薄明の庭におりて、その花がひらくのを待った。ひらきおわるのを見て、つぶやいたという。

「『これを見ていると、宇宙の大自然というものを感ずるんや。見てみい、こんなに可憐で幽《かす》かな花にも、大自然の法則というものがかよっているんや。人間はこの法則にはさからえんのや』

この東洋的諦観が、彼のパトスの軸になっている」（前掲書）

だが、「口でいうより手の方が早い」、いきなり部下を殴りつけるのが「天衣無縫」なら、ペテン師でも、人相見でも、はたまた上海であやしい物を扱った児玉機関の児玉誉士夫でも、何でも取り入れ、くいついて「ダボハゼ」と異名をとったのが「器が大きい」ということか。だが彼は右の戦闘機無用論その他に見るように、器が大きいどころか、度量のせまい矮小な人物であった。

「もののあわれ」を知る者は、生身の人間を前にして「皆はすでに神である」といった無神経な言を吐くことはない。殺しておいて、「大愛」とか「大悲」とか言ったりはしない。花を愛するから「もののあわれ」がわかるというものでもないだろう。アウシュヴィッツかダハウだったかの記録で読んだことがあるが、ある収容所長のドイツ人将校が、私生活では心やさしい人間で、モーツァルトの音楽を好み、森を散策しては小さな虫をあやまって踏み殺すことをおそれたという。鬼の目に涙といった、残酷な人間のやさしい言動というものが、世の中にはあるものだ。

生出氏の前掲書によれば、昭和二十年八月六日青森県三沢基地で、サイパン、テニヤン飛行場強襲の剣部隊の演習を軍令部次長の大西が視閲した。このあと何人かの隊員が「出陣に先き立ち、二人の米軍捕虜の斬り試しをしたい」と言いだした。

「大西次長に随行してきた軍令部員の阿金一夫大佐（兵学校第五十二期）は、とんでもな

いとして、すぐさま、

『斬り試しをしたいと言うが、人道的にも国際法的にもそういうことはしてはならぬ。また、そんなことをやっても何にもならん』と、叱りとばした。

ところが、大西が、

『部隊の士気を旺盛《おうせい》にするためにはいいではないか、その決定は待て』と阿金の発言をおさえた。阿金は思いもよらない大西の物言いに唖然《あぜん》としたが、ここで大西とやり合ってもいい結果にはならないと考え、

『では、その処置については、いちど軍令部にもどり、そこで決まったことを電報する』

と言い直し、その場のケリをつけた」

生出氏が昭和五十一年に阿金氏からこの話をきいたとき、軍令部へ帰ってからのことを、阿金氏は次のように言ったという。

「『帰ったらすぐ、だれにも相談せずに、〝捕虜を斬るな〟という意味の電文を自分で起案し電報を打って〝斬り試し〟をやめさせましたよ』

その後大西は何も言わなかったという。広島原爆から戦局が激変し、それどころではなくなったのかもしれない」（前掲書）

どちらが軍令部次長なのか、わからないような話だ。アメリカは原爆が大勢の人の命を救ったといって、今も投下を正当化するが、少なくとも原爆によって二人は命を救われた

といえる。彼らはグアム島にいた米軍搭乗員で、剣部隊は彼らからきいたグアムの航空基地の情況を参考にして、Ｂ29焼き打ちの挺身攻撃訓練をやっていたのである。生出氏は大西についてこう書く。

「大西は、二人の捕虜の〝斬り試し〟をさせてもいいと思っていたのかもしれない。もし終戦まえに剣部隊が捕虜の〝斬り試し〟をやっていたら、責任者は戦後米軍に処刑されたろうし、世界の歴史に、日本海軍では軍令部が指示して捕虜の〝斬り試し〟をさせていたと書かれるところであった」（前掲書）

抵抗できぬ捕虜をためし斬りに使うということは、国際法よりも前に、日本古来の武士道という規範にそむくものであった。平家物語の世界を引き合いに出すまでもなく、もののあわれを知るものならば、軍人としての美学があったはずである。大西には露ほどもそれがなかった。ためし斬りされる捕虜があわれでなくて、花鳥風月をめでるのが、何がもののあわれか。

桶谷秀昭氏は『昭和精神史』（一九九二年、文藝春秋）の「降伏と被占領の間」の章で、終戦直後の軍人たち数名の言動をとりあげた。その中で大西には最も多くのスペースをさいたことは、彼が大西を英雄といわないまでも、戦中の軍人としてきわだった存在であったと認めている証拠だろう。その章をこれから引用して検討するが、まず注意しなければならないことは、重要な問題において、彼は本心を端的に表明しない慎重な評論家だということである。

たとえばこういうことがあった。一九七八年（昭和五十三年）八月末から、毎日新聞を舞台に江藤淳氏と本多秋五氏の間で降伏論争が行なわれたときのことである。江藤は日本の降伏をポツダム宣言の降伏条件を受諾した有条件降伏とし、本多はモハメッド・アリのような大男に、自分たちのような非力な男が叩き伏せられ、つきつけられたような条件だから、無条件降伏だと主張したのがはじまりで、読者をもまきこんで賛否両論の投書が寄せられた。毎日記者は九月末に論争終結を宣言し、多くの投書では六分四分で無条件降伏論の勝ちという、多数決のような決着をつけた。そしてその後しばらくこれに関連した有識者の発言がのせられたが、終戦以来ずっと無条件降伏論の立場をとってきた毎日の方針にそった内容となって終わった。江藤氏のような見解が毎日の紙上に出たことが、社の方針をくつがえしかねないほどの画期的な事件であったのだ。

桶谷氏はこの時、地方紙の神戸新聞で「文芸時評」の欄を担当しておられたが、同年九月二十六日付同紙同欄のはじめ半分のスペースをさいて、この論争にふれておられる。本題からそれるので、ここでは引用しないが、白熱した論争中のことなので、氏はどちらの立場をとられるのか、興味をもって私は読んでいった。ところが氏は両氏の説を要領よく紹介し、簡単な批評を加えたあと、それに関連した戦後三十年の文学情況を説き、二葉亭四迷から吉田松陰、藤田東湖までさかのぼって論争の歴史的な位置づけをしただけにとどまり、論争の問題点を文学論にすりかえてしまった。素人おどしの該博な知識のみせびらかしも悪くはないが、肝腎の毎日読者諸士の投書や他の文化人たちが表明した有条件、無条件のいずれの説に左袒するかは、ついに明らかにせず、体よくはぐらかされてしまって、がっかりしたものである。Aは非Aにあらず。有条件と無条件のどちらか以外の立場はあり得ない。あちらを立てればこちらが立たず、ジャーナリズムの世界を泳ぐには首鼠両端、江藤本多のどちらにも仁義を立てる必要があったのだろう。地方紙だからこれですんだが、論争中の毎日だったらそうもいかなかったのではないか。大著『昭和思想史』もこの伝がみられるのである。またもう一つの桶谷氏の論法の特徴は、両義的な言葉が多いということだ。これは日本浪曼派の保田与重郎がひところ軽機関銃のようにばらまいた「イロニー」に毒された世代の人たちの共通点である。ついでに付言するが、保田は「イロニー」と書き、橋川文三は「イロニイ」と書いた。桶谷氏は後者をとって「イロニイ」と書く。

　次に大西関係の文章を『昭和精神史』から引用する。

「八月十六日に特攻隊の発案者であり軍令部次長の要職にあつた大西瀧治郎が自刃した。その遺書には、

『特攻隊の英霊に曰《もう》す、善く戦ひたり、深謝す、最後の勝利を信じつゝ肉弾として散華せり、然れどもその信念は遂に達成しえざるにいたれり、吾死を以て旧部下の英霊と遺族に謝せむとす』

とあつて、ひたすら特攻で死んだ者にたいする贖罪意識につらぬかれてゐる。

特攻隊にたいする評価はまだ、それが日本的な美しい壮挙とたたへるのと、非人間的な暴挙であると貶めるのとに分裂してゐなかつた。

『被抑圧民族の解放、搾取なく隷従なき民族国家の再建を目指した大東亜宣言の真髄も、また我国軍独自の特攻隊精神の発揮も、ともに大東亜戦争の経過中における栄誉ある収穫といふべきであり、これらの精神こそは大戦の結末の如何にかゝはらず双つながら、永遠に特筆せらるべき我が国民性の美果としなければならない。』（八月十五日『朝日新聞社説』）

これが当時の輿論であつた。（あれは恥づべき戦争であつたといふ議論があらはれるのは九月十七日『社説』『東條軍閥の罪果《ママ》』あたりからである。）

しかし輿論がどう動かうと、大西瀧治郎の特攻隊に済まないといふ罪の意識に変りはなく、また戦争がかりに勝つたとしても、彼は腹を切つたにちがひないと思はれる」

桶谷氏は「ひたすら……贖罪意識」と書くが、遺書には罪を犯したことを詫びるとはひと言も書いていない。第五章で引用した生出氏が正しく指摘しているように、「最後の勝利」が得られなかったことに対して、死んで詫びるというのみだ。「罪の意識に変りはなく」は遺書からはなれた桶谷氏の推量であり、戦争に勝ったとしても「彼は腹を切ったにちがひない」とは速断にすぎる。敗けたから死んで詫びると遺書にあるのだから、勝ったときにはその自決の動機が消失しているわけである。約束をたがえてすまぬ、とは反対に、約束通りに勝った、ということは自決の理由になり得ない。それでも腹を切るというなら、それ以外の理由が必要だ。だが遺書にはそれが無い。桶谷氏をふくめてわれわれが、遺書の外でそれを見つけ出さねばならない。

「特攻隊に済まないといふ罪の意識」と桶谷氏は書いたが、大西の言葉でなく、桶谷氏の言葉なのだから、何を済まないというのか、何の罪か、桶谷氏も明らかにすべきであった。氏は自明のことのように思われてか、説明がない。しかし大西自身は特攻命令を出したことを悪いとは思っていなかった。むしろ「大愛」とか「大悲」と称して、功徳をほどこしているようなことを言っていたのだ。してはならない悪いことと、本当に思っていたらやっていないはずだ。許されると思うからやったのだ。とは言ってもうすうす彼がみずから悪いと思っていたふしはある。

自決の前夜、大西は友人の矢次一夫の家で別れの盃をかわした。

「『いまだからいうがな』と、矢次は微醺《びくん》の中でいった。

『特攻を使って勝ったとしても、日本の名誉にはならなかったな』

矢次は、直接大西にいうよりも、海軍全体への批判をこめて、その言葉を口にした。昭和十九年七月八日、サイパンが陥落してアメリカ陸海軍の手に帰したとき、海軍報道部の栗原大佐が『これからは肉弾特攻しかありません』といったのを、矢次はとびあがる思いで、聞いている。矢次のような民間人が特攻という言葉を正式に聞いたのは、これが始めてであった。

大西は、眼を伏せて、しばらく黙っていたが、持っていた盃を卓子の上におくと、さびしそうにいった。

『前途有為の青年をおおぜい死なせてしまった。俺のような奴は無間《むげん》地獄に堕《お》ちるべきだが、地獄の方で入れてはくれんだろうな』

矢次は話題をかえた。なんとかして大西の自殺を思いとどまらせようと考えた」(草柳、前掲書)

青年を死なせたのは自分の罪だと感じているふしがうかがわれる。だが口先で地獄といっても、新興宗教の信者のように、本当にその存在を信じておそれているのではない言葉づかいである。草柳は大西が弁解をしなかったというが、これまで特攻を正当化するための論理は、くりかえし口にしているのだ。断乎として正しいことを実行するという確信犯の態度であった。だが命令によって多くの若者たちを死なせたのは事実である。正義のためとはいえ、可哀想なことをしたと思って、勝っていても自決したかもしれないと私も思う。ただ前に述べたように、勝った場合の自殺は、遺書における動機が消滅しているため、それだけ可能性が少ないということになるだろう。

彼が万感の思いをこめて特攻隊の出撃を見送ったということを示す逸話はあるが、本当に心底から心をいためた例が一つ、生出氏の前掲書に出ている。昭和十九年のことである。

「十月二十六日夜八時すぎ、マニラの一航艦司令部二階の大西の私室に、

『オッチャーン』

と、若い中尉が飛びこんできた。海軍省軍務局長（のちに次官）多田武雄中将（兵学校第四十期）の息子、多田圭太（兵学校第七十二期）であった。大西は多田武雄と同期の親友で、子どもに恵まれない彼は、圭太が幼いころ可愛がり、腕に抱いて寝かせつけたり、相撲《すもう》をとって遊んだりしていた。

ハッとした大西の前で、圭太は挙手の敬礼をして、

『これから行ってまいります』

と別れを告げた。大西はことばが出なかった。

圭太はほどなく帰って行った。大西もあとを追って下に降り、

『元気で、しっかりやれよ』

と励ました。圭太は頭を軽く下げ、飛行帽をかぶり、あとも見ずに門の外へ走って行った。影が月明かりのなかをどんどん遠ざかった。見送りをおえて、私室への階段をのぼる大西の足は重かった。

多田中尉は、十一月十九日、第三神風特別攻撃隊第二朱雀《すざく》隊長として出撃、レイテ湾の米艦船攻撃に向かい、帰らなかった。

終戦の昭和二十年八月十五日の夜半すぎ、大西は割腹自決をしたが、その直前、親交のあった矢次一夫に、

『圭太が別れに来たときは、じつに熱鉄を飲む思いがしたよ。のちにおれは軍令部次長になって（昭和二十年五月十九日）、多田（海軍次官）と一緒に仕事をしてきたが、多田のやつは圭太のことをおれにひと言も聞かないんだ。おれもついに口に出せなかったが、ずいぶん辛かったよ』とうちあけた。

自決後、枕元にかけつけた多田夫妻に、矢次がそのことを話すと、多田は瞑目《めいもく》し、夫人は泣きくずれたという」

だが大西は全特攻隊員の一人一人にこのような感情をもっていたかは疑問である。生出氏はこうも書いている。

「もし大西に多田圭太中尉のように息子が二人いたとしたとき、それでも彼は、日露戦争の乃木希典《まれすけ》陸軍大将にならい、二人の息子を特攻で戦死させる気になったであろうか。大西には子どもがいなかったから、あのように凄惨《せいさん》なことをやりきれたのではなかろうか」

生出氏のこの言葉には、後に引用する桶谷氏の客観的で冷静な批判の言葉の冷たさにくらべて、あたたかい人間味を感じる。

桶谷氏はいう。

「大西には国体が護持されるか否かといつた議論に興味はなかつた。ポツダム宣言の条件

がこちらの要求を満たしてゐるとか、ゐないとかの議論もつまらなかつた。

この戦争ははじめから勝算がないことはわかつてゐたのだから、死中に活を求めるなら最後までそれに徹して、戦ふべきである」

「悠久の大義とか天佑神助とか国体護持とかそんな観念にすがつてゐるあひだは、真剣に戦争を考へてゐないので、どうしたら『多くの敵を殺す』かを考へて、『あらゆる手段方法』をもつて戦ふのが大西の戦争の思想である」

はらからや味方の屍を「乗りこえ乗りこえ戦う候」の坂東武者、はてはサイボーグまでを連想させる突きはなしたような大西の人物像である。アメリカ海兵隊の新兵教育で「キル　キル　キル」と叫びながら突撃するような軍人像を感じる。しかし桶谷氏はおそらく意識しなかったであろうが、これが大西の自決の動機に大きくかかわっていたことは前に述べた。

「彼は台湾の一航艦司令部の長官だつたときに、訓示に用意した巻紙に墨書したかなり長文の原稿があつて、そこに特攻の思想を述べてゐる。

『私は、比島に於て特攻隊が唯国の為と神の心になつて、攻撃に行つても、時に視界不良で敵を見ずして帰つて来る時に、こんな時に視界を良くすることさへ出来ない様であれば、神などは無いと叫んだことがある。

然し又考へ直すと、三百機四百機の特攻隊で簡単に勝利を得られたのでは、日本人全部の心が直らない。日本人全部が特攻精神に徹したときに、神は初めて勝利を授けるのであつて、神の御心は深遠である。』

『百万の敵が本土に来襲せば、我は全国民を戦力化して、三百万五百万の犠牲を覚悟して之を殲滅せよ。』

『敵に大なる打撃を与へて死ぬのは玉砕であるが、事前の研究準備を怠り、敵の精鋭なる兵器の前に単に華々しく殺されるのは瓦砕である。』(門司親徳『回想の大西瀧治郎』より引用)」

「彼は特攻を美挙などとすこしも思つてゐなかった。『外道』と思つてゐた。米軍の豊富な物量と優秀な兵器にたいしては『外道』に徹する以外にない。

そこには軍人によくみられた精神主義とはちがふ、狂気にいたるばかりの合理主義があり、しかしその合理主義を『外道』と思つてゐたところに独特の虚無感がみいだされる」

桶谷氏は「外道」と書くが、これは誤りである。大西は特攻を「外道」とは言っていない。あくまで「統率の外道」と言うのみであった。もし大西が「外道」と言ったとすれば、仏教徒として言った場合ならば仏の教えにそむくもの、仏教徒としてでなければ人間の道にそむくもの、ということになる。当然大西といえども特攻は許されない罪悪であると自覚したことになるのだ。「統率の外道」だから、正攻法以外の統率は何でもやれると確信していたのである。

「米軍の豊富な物量と優秀な兵器にたいしては『外道』に徹する以外にない」とあるが、これは大西の信念を代弁したものか、桶谷氏自身の意見なのか、それとも大西の信念を肯定した桶谷氏の解説なのか、どうにでもとれるようで、はっきりしない。ぬらりくらりしたこの曖昧な書き方が、桶谷氏一流のものなのだ。いずれにせよ、桶谷氏は対抗手段としての特攻を完全に否定しているのでないことは明らかである。許されない罪悪、とるべきでなかった手段とはしていない。氏も特攻殺人の事後従犯と私は断定する。

「豊富な物量と優秀な兵器」に対して「外道」であたろうというのは、はなはだ非合理主義的であると思われるのだが、「狂気にいたるばかりの合理主義」とはいったい何か。狂気と合理主義とは相反する概念である。合理主義がどこまで行って狂気に到達するのか。こういう矛盾した言葉を売り物にするのが、日本浪曼派の最も悪しき面であった。さきにイロニーに毒されたと書いた一例である。

再び借問す。合理主義は狂気にいたり得るものなりや。いかにしてそれは可能なりや。唯物弁証法でもあるまいし、合理主義のボルテージが上がったら、量的変化が質的変化に転換して「狂気にいたる」というか。それこそ狂人のたわ言だ。

草柳氏が大西を「論理の将校」と言ったごとく、桶谷氏は「合理主義」の将校と言いたいようである。だがそれが大きな間違いであることは、すでに論証してきたところである。「狂気にいたるばかりの合理主義」は「狂気にいたるばかりの精神主義」と訂正すべきであろう。だがイロニーは消滅する。

「狂気にいたるばかりの合理主義」があるということは、まだ狂気そのものにはいたっていなくて、合理主義のカテゴリーの内にあるという意味にもとれるが、皮肉なことに桶谷氏が引用したさきの大西の訓示の内容は、「狂気にいたるばかりの精神主義」ばかりがみられるのだ。

「日本人全部が特攻精神に徹したとき……」

これはまったく絵空ごとの仮定である。

「百万の敵」に対して「三百万五百万の犠牲を覚悟して之を殲滅せよ」

殲滅されるのは一〇〇パーセントの確率でこちらのほうである。当時本土の兵隊には丸腰が多かった！

合理主義どころか、これでは狂人の妄想だ。「事前の研究準備を怠り」中国戦線の九六陸攻隊員が殺されたのは、前述のように大西が合理的思考の持ち主でなかったからであった。意識的かどうかわからないが、右の訓示から桶谷氏が引用しなかった部分を、生出氏の前掲書から引用する。

「――……全般的の戦力の低下、同盟国独逸《ドイツ》の苦戦等を思い合せると、日本は遠からず負けるのではないか、と心配する人もあるであろう。然《しか》し、日本は決して負けないと断言する。

今迄《まで》我軍には局地戦に於て降服と云《い》うものがなかった。戦争の全局に於ても亦《また》同様である。局地戦では全員玉砕であるが、戦争全体としては、日本人の五分の一が戦死する以前に敵の方が先に参ることは受合いだ」

「三千年の昔の生活に堪える覚悟をするならば、空襲など問題ではないのである。斯《か》く不敗の態勢を整えつつ、凡ゆる手段方法を以て敵を殺せ。その方法は幾らでもある。斯くして何年でも何十年でも頑張れ。そこに必ず活路が啓《ひら》かれ、真に光栄ある勝利が与えられるのである」

戦中朝鮮人台湾人を含めて一億国民といわれた。その五分の一たる二千万人が死ぬ前に敵が参るとは、ものすごい計算をしたものだ。「受合い」というが、安請け合いにしては話が大きすぎた。

私はこういう空理空論を今の眼のみで批判しているのではない。何度か書いたように、私自身の体験では、このままでは敗戦必至という憂慮のまま、ついに敗戦になってしまったのである。昭和二十年には黙って死ぬだけが自分の残された道であると思い、その死にざまだけを考えていた。大西の訓示を当時聞いていたら、デマゴーグの本家はこの男であったのかと感じたにちがいない。

ここには合理主義のカケラもない。狂気あるのみとしかいいようがない。桶谷氏はこれをしも大西の合理主義といわれるのか。どこに合理主義があるのか。ご自身の引用された言葉なのだから指摘していただきたいものだ。それともこれは「狂気にいたるばかりの合理主義」が、ついに狂気にゆきついた状態だといわれるか。ならばどこまでが、あるいはいつまでが合理主義で、どこから、あるいはいつから大西は狂気にいたったのか教えてほしい。

桶谷氏は多分に草柳氏の『特攻の思想』を意識しておられるようで、草柳氏と同じく文中に「特攻の思想」という語を用い、「虚無感」の語も出てくる。「合理主義」にもとづいて特攻命令を出し、若者たちを殺しておいて、それを「外道」と思うのが「独特の虚無感」だなどと、桶谷氏は大西の心理を言い当てたような、ある種の感慨めいたような書き方をする。だが殺しておいて虚無感とは、まるで中里介山作『大菩薩峠』の机龍之助ではないか。虚無感で殺されるほうはたまったものではなかった。

第九章　五十年目の鎮魂

森本忠夫氏は『特攻』（前掲書）の中で次のように書いておられる。

「特攻。それは、他でもなく、日本の末期的な戦備体系と戦力構造が、特殊の日本軍国主義イデオロギーと合成されて生み出された、近代思想体系上、日本人以外には誰もが自らには決して許容出来ない、異端のパラダイムであった。日本の伝統的な時代の価値観が、ある状況の下で外在的な刺激によって倒錯した時、まるで正常細胞が突然癌細胞に転化するように、それは生まれた。特攻。それは不特定多数の雰囲気が醸し出す、しかしある種の悟性が生み出した日本人的〝飛躍〟の用兵思想だった」

「戦力の補給のない、今や、『寡』をもって『衆』に立ち向かう戦を宿命づけられた第一線にしてみれば、一度出撃して行った飛行機や潜水艦が二度と帰らないなどと言うことは、最早日常的な出来事だった。それならそれで、戦果を極大化するためには、通常の攻撃方法よりも、もっと確実と推量される必死必殺の戦法を選ぶ方が、『帝国軍人たるもの』の当時の価値観からして、むしろ条理に適った決定であるかのように見えたのだ。繰り返して言えば、五〇％以上の生還率がなければ兵を戦場に投入しない民主主義国家アメリカ合衆国の戦争哲学（人間学）と違った、それこそが、軍国主義国家の『皇国教育』によって仕付けられて来た日本人が、決定的な窮状に喘いだ時の、物事の判断基準であった」

私はこの見解に対して、根本的に反対である。「日本人の伝統的な時代の価値観」に、他人を自殺攻撃にかりたてることをよしとするものは存在しなかったからである。あるというなら歴史的事実を示していただきたい。

正常細胞が転化した癌細胞はもはや正常細胞ではないように、「日本人の伝統的な時代の価値観」が転化して「生まれた」という「異端のパラダイム」とやらは、もはや「日本人の伝統的な時代の価値観」ではない。「倒錯」してできたものは、前とは別のものなのだ。「日本人の伝統的な時代の価値観」が、ある情況の下で、そういうものに転化する必然性をその内部にもっていたというのなら、それを指摘していただきたい。

「皇国教育」は自己犠牲を教えたが、部下に自殺攻撃を命令することを教えたことはない。みずからのかわりに他を犠牲にすることは非としたのであった。反対に部下をいつくしむことが道徳と教えられた。日露戦争の旅順口閉塞作戦で、沈船退去の際に、沈没寸前まで部下の杉野兵曹長をさがしまわり、ボートに乗り移ったとき、敵弾に仆れた広瀬武夫中佐は、軍神といわれ、国語読本にも唱歌にも出てきて、軍人の鑑《かがみ》としてのみならず、世の人の手本とされた。皮肉なことに大西中将は広瀬中佐に傾倒していたといわれるが、いったい彼は何を学んだのだろうか。

「日本人以外には誰もが自らには決して許容出来ない、異端のパラダイムであった」と言うが、特攻は日本人の伝統的価値観からも、決して許容できない異端のパラダイムであった。第五章で遺書を紹介した林市造少尉の福岡高等学校時代の同級生伊東一義氏の言葉を、森岡清美氏の『若き特攻隊員と太平洋戦争』（一九九五年、吉川弘文館）から引用する。

「特攻隊、その献身と勇気はいくら讃えてもその言葉は十分でない。われわれはもはや言葉を失って頭を垂れるのみである。しかし、いかに作戦とはいえ、この特攻が、命令として許される作戦であろうか。それは人間への罪であり、決してあってはならない戦いである。――

林だけではない。陸海数千人の特攻隊員がこの世界戦史にもほとんど稀な無謀な戦に斃れた。戦後五十年たっても、私はこれを許すことができない。五十回忌の祈りも、この炎を消すことができない」

森本氏は「日本人的飛躍の用兵思想」といわれたが、飛躍したのはあくまで外道日本人たちであって、これをもって「日本人的」というのは、日本人のプライドをはなはだ傷つけるものである。「『寡』をもって『衆』に立ち向かう」戦は、特攻を正当化する情況ではない。森本氏自身、日本が戦争の当初から全期間を通じて、そのような情況にあったことを、その著『魔性の歴史』（一九八五年、文藝春秋）でも明らかにしていられるのだ。

第四章にも引用したが、井上成美中将が米内光政海相に提出した「大将進級に就き意見」の中に、

「第一線は神風隊の如く人類最善最美の奮戦をなしつつあり。作戦しかも不如意なるは戦力の不足にあり。戦力不足なればこそ第一線将兵をして神風隊の如き無理な戦をなさしめつつある次第なり。

戦力不足は誰の罪にもあらず、国力の不足なり。国力不足に無智して驕兵《きょうへい》を起したる開戦責任者に大罪あり」

とある。昭和二十年一月二十日の時点で、こんなことを言ってもはじまらないが、特攻を戦力不足のせいにして、戦略の欠如、作戦の拙劣に言及しないのは、みずからの首をしめることになるからだろう。井上はこう言いながら特攻を続けさせていった。

戦略には戦略をもって、作戦には作戦をもって、戦力には戦力をもってたたかうのが正攻法である。戦力不足を特攻でおぎなう「統率の外道」は非合理的、非人道的な人倫の外道であると私は主張してきた。その「異端のパラダイム」が「日本の末期的な戦備体系と戦力構造が、特殊の日本軍国主義イデオロギーと合成されて生み出された」というのは、どういうことか。三つの原料から何かの製品をつくりだすような書き方だが、「特殊の日本軍国主義イデオロギー」がこの中で最も問題である。三つのうちの他の二つは客観的にある程度把握できるが、イデオロギーはつかみにくいからだ。「特殊」とは「世界の中で

も特殊な日本軍国主義」という意味か、「日本軍国主義の中の特殊なもの」という意味か、どちらにもとれるようだ。いずれにせよ「日本の軍国主義」なるもの自体が、明治建軍の時から昭和二十年まで、時代とともに変化しているのである。私はこの場合、日本軍国主義のうち、戦争末期の追いこまれた状態にできた特殊なもの、とするのならばよいと思う。日本軍国主義者のうちで、特殊な軍国主義者の「合成」——つくりだしたものというのなら理解できる。

「『帝国軍人たるもの』の当時の価値観からして、むしろ条理に適った決定であるかのように見えたのだ」は、言いすぎであろう。大勢におしきられたとはいえ、論理的に特攻の不条理不道徳を批判し、当初から最後まで反対した軍人の例は、いくらでもあげることができるのである。特攻を命令される側にいたっては、圧倒的に反対であったわけだ。「帝国軍人」には命令されたほうも入っているのである。

「当時の価値観」とは、明治時代の帝国軍人と違って、昭和十六年一月八日東條陸相の出した「戦陣訓」に拘束され、それを杓子定規にまもるのが建て前の帝国軍人の価値観をいうのであろうか。それは徹底した人命軽視と部下蔑視の価値観であった。戦陣訓の本訓其の二第八「名を惜しむ」の項全文は、

「恥を知る者は強し。常に郷黨家門の面目を思ひ、愈々奮励して其の期待に答ふべし。生きて虜囚の辱《はずかしめ》を受けず、死して罪禍の汚名を残すこと勿れ」

となっている。これが多くの不条理、とくに下級軍人の無駄な犠牲をもたらし、悲劇をまねいた。

たとえば森本氏の『特攻』には次のような話が出ている。昭和二十年四月十六日、石垣島から索敵攻撃に発進した斎藤信雄飛曹長の爆装零戦は、エンジン故障で台湾の宜蘭に不時着した。帰ってきた彼を玉井浅一司令は、待機中の下士官兵らの面前で、「こっぴどく面罵」した。「特攻に出たものが少し位のエンジン不良で何故帰って来るか、エンジンの止るまで何故飛ばないか」。言われた斎藤飛曹長はその夜角田和男少尉に「下士官兵の前でここまで怒鳴られては、男として生きている事は出来ません。次の出撃には必ず死んで見せます。会敵出来なくても燃料のある限り飛び続け、エンジンの止った所で自爆します。絶対に帰投針路にはつきません。……結婚したばかりの妻が松山基地に面会に来てくれたのに、碌に相手になってやれず、別れて来てしまって、本当に済まなかったと思っています。角さん、もし生きて帰られたら、この気持と事情を良く話して、私が最後まで済まなかったと言っていたと伝えて下さい」とたのんだ。

「角田は、斎藤に『犬死には止めろ』と説き、角田が、小田原参謀長の言葉を介して聞いた大西瀧治郎中将の特攻の最終目的である、特攻によって天皇を決断させ、終戦へと導く企図を説明し、もう直ぐ講和の時が迫っているからと説得を続けていたが、斎藤は、『良い事を聞かせてくれました。では、角さん、特攻は命中しなくても、戦果を上げなくても良いんですね。死ねば成功ですね。私はやはり行きます。ぶつからなくても特攻の目的は達成出来る訳ですから』と言って、翌四月十七日の出撃の後、列機が予定索敵コースを経て敵を発見せず帰投していたにもかかわらず、斎藤は、そのまま一路死のみが待つ戦場に向かい『遂に帰投しなかった』と言う」（森本の前掲書に引用された、角田和男『修羅の翼』今日の話題社、による）

生出氏の前掲書によれば、昭和十九年十月二十一日、磯川質男は朝日隊で出撃して不時着し、約一カ月後に、マバラカットの二〇一空に生還した。十一月末に二〇一空の古い搭乗員に内地帰還命令が出て、彼が輸送機に乗りこもうとしたとき「磯川待て」と司令の玉井中佐によびとめられた。そして「貴様は特攻で死んでもらわねばならない」と一同の前で申しわたされた。すでに海軍省が磯川の「特攻戦死　二階級特進」を発表しているからというのだ。同じ甲飛（甲種飛行予科練習生）十期生はこれを自分たち全体に対する処遇として受け取り、指揮官、ひいて特攻そのものに対する強い不信感をもつにいたったという。磯川は何回か特攻出撃したが死なず、後に大村湾上空で戦死する。ところが戦後の猪口、中島共著『神風特別攻撃隊の記録』末尾の特攻隊名簿では、海軍省が発表したという磯川の名は朝日隊から除かれているのだ。何のための建て前であったのか。

昭和十六年十月はじめ、十一航艦参謀長であった大西は、各部隊の幹部たちに、次のような話をした。

「『こんどの戦争は長びきそうである。人もたくさん要る。搭乗員たちが、もし敵地に不時着しても、自決をいそがず、なるべく生き残り、戦線にもどれるよう、よく指導してもらいたい』

壱岐は、実際問題としてはむずかしいだろうと思いながら聞いていた。

大西のこの話は、十一航艦麾下《きか》各部隊で、飛行長、飛行隊長、分隊長などを通じて、部下たちに伝えられたはずであった」（生出、前掲書）

壱岐とは鹿屋空分隊長壱岐春記大尉である。

同年十二月十二日、十一航艦の一空飛行長松本真実少佐の指揮する三十六機の陸攻が、台南から比島クラークフィールド飛行場を空襲した際、対空砲火で被弾した一機が、飛行場東方のアラヤト山北西に不時着した。搭乗員七名が機外に出ると、比島人がよってきた。危害を加えそうにないと判断したので、機銃を捨て、大西の訓話の方針どおり、比島人の家へ行き、捕虜となることにした。翌年一月二日、日本陸軍がマニラを占領し、まもなく彼らは陸軍部隊に救出された。

ところが松本飛行長が彼らをひきとって台南基地へ連れて帰ったが、捕虜になったというので、階級章、特技章、善行章は剥奪され、一般隊員からは隔離収容された。二月二十日、彼ら七名は二番機搭乗員として、セレベス島からチモール島クーパン爆撃に出動した。この時、先頭機の一空分隊長福岡規男大尉（海兵六十五期）は松本飛行長から密命を受けていた。低空で飛び、二番機が撃墜されるようにしろというのである。だが福岡機は先頭で低空に突っこみ、被弾し撃墜された。二番機は無事帰還した。

松本飛行長はその後も危険な命令を出し、最後はポートモレスビーの防禦砲火の撮影を命令した。七名はラエを出撃し、やがて「天皇陛下万歳」の電報を残して消息を絶った。

「一空隊員たちが、

『なるべく生きのびて戦えと言っておきながら、いざとなると蛇の生殺しみたいなことをする。これでは参謀長じゃなくて、乱暴長じゃないか』

というようなことを口にするようになったのは、こういうことがあったからである」

と生出氏は書く（前掲書）。海軍のこういう場合のやり方には陰湿なものがあるようだ。他の有名な例は昭和十八年四月十八日、山本五十六大将がブイン上空で戦死したとき、撃墜された乗機の一式陸攻を護衛していた零戦六機の操縦者たちが、まったく同じ運命をたどらされたことである。

陸海軍とも下級軍人に軍律はきびしく、不条理と思われるような適用がなされるのに反して、上級軍人には甘く、つねに問題にされなかったことは奇怪なことである。たとえば昭和十九年三月三十一日夜から起こった海軍乙《おつ》事件である。パラオから比島ダバオに向かった連合艦隊司令長官古賀峯一大将が、低気圧のため行方不明で殉職、不時着した参謀長福留繁中将、作戦参謀山本祐二中佐らはセブ島でゲリラの捕虜となり、そのうえ最高軍機密図書「Z《ゼット》作戦計画」が奪われるという、考えられないような失態を犯した。しかし陸軍に救出されたあと、責任を追及されることも罪に問われることもなく、もとより軍法会議にかけられることもなく、捕虜になったことは不問とされた。のみならず、おどろいたことに、福留は第二航空艦隊司令長官に、山本は第二艦隊先任参謀に、それぞれ栄転している。おなじ捕虜でも下級の者は体のよい処刑にされ、上級の者は栄転であった。私が子供のころ、あこがれの目で見ていた海軍がこんなものであったとは……。

帝国海軍末期の軍紀頽廃を示す最大の事件は、世界戦史に醜名をさらした栗田艦隊のいわゆる反転であろう。捷一号作戦での栗田艦隊の任務は、別行動の志摩艦隊と相前後して、昭和十九年十月二十五日レイテ湾に突入し、攻略部隊を撃滅せよ、というものであった。これを援護するため、小沢艦隊は囮《おとり》部隊として敵機動部隊を引きよせることになっていた。結果において任務をまっとうしたのは小沢艦隊で、全滅したが勇名を残した。

栗田艦隊は二十二日、ブルネイ湾を出発したものの、途中受けた損害にひるみ、反転して戦線離脱しようとしたが、思いなおしてもどったりしながら進撃した。十月二十四日、連合艦隊司令長官豊田副武大将から「天佑を確信し全軍突撃せよ」と叱咤激励の電文がとどいた。豊田にしてみれば、レイテを前にした反転の報告を受けて心もとないと思い、念をおしたつもりであったろう。だがそれも栗田には通じなかった。

翌二十五日栗田艦隊は小型機動部隊を発見し、行きがけの駄賃のつもりか、そのほうに向きをかえて大和の巨砲などで攻撃し、いささかの戦果をあげたものの、二時間余を空費してしまった。戦略目的よりも敵艦攻撃を優先する日本海軍の悪い癖がここにも出てしまったのである。やっと輪形陣を立てなおし、レイテへ向かうこと一時間余、午後零時三十分目ざすレイテ湾を指呼の間にのぞみながら、またも反転し、帰還してしまった。反転理由の一つとして、敵空母群との交戦に時間をついやし、同時攻撃のつもりだった志摩艦隊におくれるおそれがあったことをあげているが、あきれた話だ。余計なことをしておいて、それを肝腎なことをすっぽかす理由にしているのだ。その他、レイテに行っても敵はいないだろうとか、戦艦部隊の宇垣纏中将が近くに敵機動部隊が発見されたという誤報にもとづいて、転針攻撃を主張したためとか、その他の誤報とか、無電による情報が不足したためとか、いろいろな口実をつけるが、退却は退却だ。味方航空機の掩護がないため大損害を受けて、一度は退却しようとした者が、もう一度退却するか否かというとき、宇垣のいうように敵機動部隊を攻撃に向かう決意をするものかどうか考えてみればよい。あまりにも見えすいた言いわけである。

服部卓四郎元陸軍大佐は「レイテ突入という最高の作戦任務を放棄し、独断針路を北方に転じた」（『大東亜戦争全史』一九六五年、原書房）と書き、常岡滝雄元陸軍中佐は前掲書で「栗田は最初からレイテ湾突入を欲しなかったようである」と書いた。高木惣吉は、「全滅を賭して突撃せよと激励された艦隊が、今更の如く形勢の不利を云々して遁走したことは、史家をして浩歎を禁じ得しめないであろう。機会は確かに与えられたが、唯これを把捉する者だけが天佑を享受する資格を持つ」（『太平洋海戦史』一九四九年、岩波新書）と書いた。機会というのは、この時突入しておれば、揚陸中のマッカーサー船団八十隻が大打撃を受けたであろうと、戦後明らかにされたことをいう。戦争の勝敗にかかわりはなかったとはいえ、多くの犠牲をはらっておりながら、腰抜け司令長官のために、帝国海軍が後世まで残る醜名をさらしたことは、日本国民としてまことに残念といわねばならない。レイテ突入の栗田艦隊をたすけるため、小沢艦隊は任務をまっとうして全滅し、神風特別攻撃隊は次々と発進し、散華していたのである。勇将の下に弱卒なしといわれるが、これでは勇卒の上に弱将がいたわけだ。

栗田艦隊の退却は明らかに敵前逃亡であり、軍法会議にかければ抗命罪も成立すべきものであった。

日本海軍では、ミッドウェイであれほどの惨敗をしておりながら、戦訓を得るための反省会すらもたれなかったという。ひと月前の珊瑚海海戦、その前の印度洋作戦の反省会があったならば、ミッドウェイで同じ失敗をくりかえさなかっただろうともいわれている。ましてて失敗の追及検討はされなかった。アメリカ海軍では、真珠湾以来たとえ勝ちいくさの場合でも、指揮官の決断行動に疑問があれば、軍法会議にかけて徹底的に追及した。その秋霜烈日の裁定にくらべれば、まさに軍規において天と地の差があったといわねばならない。この点で日本海軍はアメリカ海軍の敵ではなかった。戦後の今になって私もやっと知り得たことであるが、これらは日本国民の帝国海軍に対する信頼と尊敬を裏切ることであった。

片手落ちになるので陸軍のことも付言する。最も問題になる人物は、戦後はやくから村上兵衛氏が「地獄への使者」と評した辻政信であろう。昭和十四年のノモンハン事件のとき、辻少佐は関東軍参謀として、ソ連軍に対する越境攻撃を策動し、敵兵力を軽視した杜撰な作戦計画、指導によって一万八千人の戦死者を出して惨敗した責任を一切とることなく、すべてを前線の部隊長の責任に帰して自決させた。負傷して捕虜となり、昭和十五年捕虜交換で返された友軍捕虜に対する仕打ちについて、当時連隊長だった須見新一郎大佐は戦後次のように言う。

「辻は将校が入院している病院に手榴弾を持ち込み、武士の恥をそそげと、自殺を強要したのだ。手前の判断と作戦計画の拙劣を棚に上げて、不可抗力に陥った者、とくに重傷、ないし人事不省で捕まった者に自殺を強要するなどということは、常人にはできない。ひどい奴だ。人間じゃないよ」（生出寿『辻政信』一九九三年、光人社）

生出氏はこのあと、昭和十五年四月末、吉林に近い新站陸軍病院に入院中の元捕虜の将校たちのところへ特設軍法会議団がのりこみ、裁判のあと拳銃をあたえて引きあげ、全員を自決させた。しかし「高級指揮官や参謀で、責任をとって自殺する者は、ただの一人もいなかった」と書き、次のように論じている。

「陸軍刑法でも、力尽きて捕虜になった者や、不可抗力で捕虜になった者を罰する項目はない。

日本軍にあった（陸海軍を問わず）のは、『捕虜は恥ずべきもの、死んでもなってはならないもの』という不文律であった。

全力を尽くして戦い、力尽きれば捕虜になっても恥ではない、という考え方はなかった」

「しかし、敗北に重大な責任がある者を相応に処罰せず、第一線の将兵に苛酷きわまる厳罰をもって臨むやり方では、真に精強な軍隊はできあがるわけがない。

太平洋戦争中、米海軍は、日本海軍にたいして、

『日本海軍の下士官たちは世界一優秀だが、士官は落第だ』と評した。

日本海軍の高級将校たちは、作戦計画作成・指導が拙劣で、手ごわい相手ではないということである。

ノモンハン事件のばあいは、『日本陸軍の第一線将兵は世界一優秀だが、高級指揮官・参謀は落第だ』ということになろう。

高級指揮官や参謀らにたいしてこそ、厳正な信賞必罰をおこない、失敗をくり返さないようにすべきなのである」（以上、前掲書）

こういう帝国陸海軍（当時皇軍といわれた）軍人の価値観を背景として、特攻作戦、特

攻命令という外道が生まれたのであった。及川軍令部総長や米内海相が大西を第一航空艦隊司令長官にしたのは、森本忠夫氏がいうように、大西が「余りにも不吉な運命の星に導かれた」からではなくて、大西が強烈なサディストであることを、彼らが見抜いていたからにほかならなかった。前にも述べたが、大西が特攻命令を出しつづけ、終戦にいたってもやめようとしなかったのは、運命の星の導きでなくて、彼のサディズムがさせたことである。彼自身はみずからのサディズムを自覚せず、したがって自制することなく、特攻継続のために自分を納得させる理屈づけをしていった。その口実が二転三転したことは前に述べたとおりである。外道の特攻命令者は、日本の伝統的精神の生みだしたものではないと、私は主張する者である。

これに対して、祖国の危機に際し、とるべき道はこれしかないと、みずから求めて特攻を志願し、散華した人たちの志は、日本の伝統的精神から生まれでたものであると思う。しかしこの精神は日本だけに特異なものでなく、普遍妥当性のあるものだと考える。イラン・イラク戦争あたりから喧伝されてきたことだが、イスラムの精神風土からも特攻が輩出しているのだ。彼らが用いた聖戦という語も、日本が日中戦争当時から用いていたもので、その共通性におどろかされたものであった。

日本とイスラム世界だけならば、普遍性があるとはいえないかもしれないが、西欧にも同様なことはあり、戦前のアメリカ西部劇映画で、みずからの身を投げ出して、味方を救う場面をみた記憶がある。「人その友のためにおのれのいのちを棄つる、これより大いなる愛はなし」（ヨハネ伝）の教えのあるところでは当然であろう。その有名な例を次に記す。

一九三九年九月一日独軍のポーランド侵入で第二次大戦がはじまり、九月十七日ソ連も侵入して、ポーランドを分割した。しばらく新しい戦線が生まれなかったが、翌年四月九日突如独海軍は制海権のないまま、ノルウェーを急襲した。この時ノルウェー議会は、誰一人として英仏から援助を求むべきであると主張しなかった。そして抗戦決意の政府を支持したという（芦田均『第二次世界大戦外交史』一九五九年、時事通信社）。

圧倒的な戦力の差がありながら、ノルウェー国民は、六月十日の戦闘終結まで、英雄的な抗戦を続ける。

「しかしその兵力において、装備においてノルウェーの反撃は竜車に向う蟷螂の斧にも似た僅少な兵力にすぎなかった。この間国民の勇気と闘志とを立証する幾多の物語が伝えられているが、ことにオスロの乗合自動車三台の運転手がドイツ軍の輸送を命ぜられて、ウィルヘルム展望台の断崖にさしかかった時、自動車もろとも絶壁に飛びこんで百五十名のドイツ兵を冥土の道連れとした逸話は今なおノルウェー人が三勇士として語り伝えるところである」（芦田、前掲書）

特攻精神は日本だけのものではなかったのである。日本だけに特異なものでなく、普遍性があったということである。区別すべきは特攻を作戦にくみこんだ帝国陸海軍の上級指導者たちの外道こそが、戦争末期の日本だけに特異なものであって、普遍性のないものであったということだ。

戦争という極限的な情況は、人間の最も崇高な姿と、最も醜悪な姿を、随処に現出させた。みずから志願して特攻出撃した若者たちは前者であり、特攻命令を出したもの、立案計画したものは後者である。上級者はたとえ若者が特攻出撃をみずから申し出たとしても、人間の尊厳を否定する行為の非なることを説得して、やめさせるべきであった。出撃命令を出した者たちは、特攻は志願であったといって、責任のがれをすることが多いが、本当に志願であった場合でも、それをやめさせなかった罪は、人道にそむくことの罪である。

命令された者はもちろんのこと、みずから選んだ道であったとしても、特攻要員となった日から出撃までの日々は、地獄の責苦ではなかったか。特攻隊員に関する戦中の報道には、生きながらの神として、悟りきったような清澄な心境ばかりが書かれていたが、その裏面の姿は戦後まで知らされることはなかった。戦後五十年の今でも、それを問う人は少なく、語られることはめったにない。必ず死ぬという日を待ちながら、志願したことを後悔する者がいなかったというのは嘘だ。それに対して、前述のように海軍では正式に特攻不参加を申し出た者を、隊員名簿から除いたなどという、当事者の偽善的な嘘には、いいようのないいきどおりを覚える。

森本忠夫氏は『特攻』（前掲書）の中で昭和二十年四月十七日、空母突入寸前にグラマンＦ６Ｆヘルキャットに撃墜され、捕虜となって生きのびた鈴木勘次二飛曹の著書を引用して、待機中の苦痛をくわしく書いている。

「今さら取り消しできない恐ろしい方向に歩を進めている不可逆的な自分を見詰め」「片道攻撃という手段を選ばぬ自殺行為に」搭乗員としてのみずからの誇りが無惨にも打ち砕かれ、人生の「小さな挫折をうすうす感じていた」。出撃命令がいつ下るのかをおそれつつ生きる毎日。生きることが死を待つことでしかないくるしみ。いざ出撃となると、待機のくるしみから解放され、これで使命が終わるという諦観から、まるで別人のように朗かになった男たちのこと。「もうどんなに叫んでも戻らない過ぎた日々が恋しくなり、現実からの逃避を希う」心に押し寄せる悔恨。「蛇の生殺し」のくるしさのあまり「とにかく出撃だ」「早くけりをつけたい」という気にもなる。同期生の林芳市氏が鈴木をたずねてきて、「出撃が同じ日だといいがなあ」と言った。鈴木は第八銀河隊、林は第四神雷部隊（昭和二十年四月十四日沖縄方面海上で散華）で所属は別だが、同じ日に死ぬこと、一人で死ぬより一緒に死にたい、孤独の死を分かちあえば死の恐怖もまた半減する。鈴木も林と同じ気持ちであった。

　鹿屋基地から出水基地へともどったとき、

「特攻出撃が一時中止された鈴木達にとっては、出水基地は『平和な楽園』のように見えた。今まで感じたことのない生の新たな感性。村々が新鮮に見え、鈴木は『この土地にとけこんで行きたい気持ち』に駆られる。僅かの間離れていた出水基地だが、『生まれたころから住んでいるような気がした』

それが鈴木の感じた束の間の再生の喜びであった」（森本、前掲書）

鈴木氏の思いにくらぶべくもないが、これを読んだとき、私は戦争末期、あとわずかの命だと思っていたころ、いつも見馴れた景色、とくに東海道線の車窓から見る風景など、日本はこんなに美しい土地だったのかと、これが見おさめのつもりで、食い入るように眺めたことを思い出した。

同期生の友らが銀河に搭乗して出撃する姿を見た鈴木は、彼ら「三人の姿はまるで機に『納棺』されたように」見えた。その夜宿舎で寝についたとき、外から聞こえてくる整備員の笑い声が堪えられなかった。

「長い特攻待機の時間が続く中で、隊員達の横顔にふと自我喪失の翳が過《よぎ》り、夜、床の中で『目を見開いたまま寝ていた』者もいた。『深夜になると、うめき声、うわ言が、とぎれとぎれにきこえ』宿舎は『まるで、精神病棟のような宿舎』となっていた。『その宿舎から毎日のように出撃していく同期の桜は、無理に笑顔をつくり機上の人となったが、その表情その目には精神の狂ったような物悲しさがただよっていた。そして彼等を見送った夜は、まるで魂を奪われたように滅入ってしまったものであった」（森本、前掲書）

同じような情況は、どこの特攻待機中の基地でも見られたことであろう。だが戦中はかくされ、戦後は忘れられて、森本氏のように真相を追及する人がいなければ、埋もれ去ってしまうところであった。

『雲ながるる果てに』に収録された第三御楯隊の四人合作の川柳の一部を次に紹介する。作者は昭和二十年四月六日出撃の及川肇（盛岡高工）、遠山善雄（米沢高工）、四月十一日出撃の福知貴（東京薬専）、伊熊二郎（日本大学）の各氏、いずれも沖縄方面で特攻戦死、享年二十三の同年であった。

生きるのは良いものと気が付く三日前
後三日、酔ふて泣く者、笑ふ者
未だ生きてゐるかと友が訪れる
する事のない今日、明日の死が決まり
明日死ぬと覚悟の上で飯を喰ひ
沈んでる友、母死せる便りあり
雨降つて今日一日を生きのびる
明日の空、案じて夜の窓を閉め
明日の晩化けて出るぜと友脅し

明日征くと決まつた友の寝顔見る
神様と思へばおかし此の寝顔
人形へ彼女に云へぬ事を云ひ
真夜中に、遺書を書いてる友の背
殺生は嫌ぢやとしらみ助けやり
体当りさぞ痛からうと友は征き
痛からう、いや痛くないと議論なり
これでかう、ぶつかるのだと友話し
十三期特攻専門士官なり
特攻も予備士官なる意地があり
アメリカと戦ふ奴がジャズを聞き
撲ぐられる度胸の良さも十三期
予備士官なる辛抱に口惜し泣き
夕食は貴様にやると友は征き
犬に芸教へおほせて友は征き
特攻へ新聞記者の美辞麗句
特攻隊神よ〱とおだてられ

各々のふるさと向ひて別れ告げ
万歳が此の世の声の出しをさめ
俺の顔青い色かと友が聞き
必勝論、必敗論と手を握り
機上にて涙の顔で笑つて居
死ぬ間際同じ願ひを一つ持ち
父母恋し彼女恋しと雲に告げ
あの野郎、行きやがつたと眼に涙
還らぬと知りつゝも待つ夕べかな
今日も亦全機還らず月が冴え
春の空今日も静かに暮れて行く
友を待つ空にまばらな星のかず

今これを読みかえして、私と同世代の若者たちが、平和な日本では想像もつかぬ一日きざみの生をいとおしみつつ、出撃までのわずかな日々をおくっていたことに胸がうずく思いである。

待機中の特攻隊員の精神的崩壊は、精神医学からみて当然の現象であった。森本氏によれば、昭和二十年五月下旬陸軍航空本部は知覧基地で「特攻隊員の心理調査」なるものを実施した。この時の望月衛技師の報告に対して、生田淳氏は『陸軍航空特別攻撃隊史』の中で望月が「攻撃忌避者あるいは攻撃に臆する者が若干あるのは、精神指導の適否に関するところが大きいと述べている」が、「果たして、確実な死を意味する戦法の実行を、精神指導によってよく導き得るものであろうか」と批判している（森本、前掲者）。

また望月報告には、編成より出撃に至る「期間ノ長期ニ及ビ処遇適切ヲ欠キ思ハザル蹉跌ニ遭遇スルトキハ著シク其ノ志気ヲ沮喪シ之が為指導ニ重大ナル困難ヲ生ジ或ヒハ抗命等ノ犯罪ヲ惹起スルノ虞アリ（中略）又御説教的精神訓話ハ全ク有害無益ナリ　殊ニ軍人ノ行フモノニ於テ然リ」と出ているという（森本、前掲書）。

森本氏は平木国夫氏著『くれないの翼』（泰流社）から次の文章を引用している。昭和二十年三月、松島基地の情況である。

「有山一飛曹らの第四御楯隊は、すしを主体とした航空弁当をもらい、特攻機『銀河』の下で一週間ほど待機させられた。夜、兵舎に帰ると、一同は酒につぐ酒で、深夜まで酒をあび続けた。たとえ疑似志願であっても、志願という形式を踏ませていれば、これほどのことはなかったであろう。しかも第四御盾隊員は、或る日突然、隊長から任意に一方的に抽出された人たちばかりである。酒にまぎらわせるしかすべがない気持であったろう。兵舎の入口に、幅三〇センチ、長さ二メートルの板に、『紅顔攘夷党駐屯之処』と達筆で大書した看板が掲げられた。（中略）『立入無用』を意味するもので巡検（海軍で就寝時に実施されていた甲板士官による巡回検査――引用者）さえもシャットアウトするという勢いであった。仮に軍紀をふりかざして立ち入る者があれば、おそらく発砲騒ぎが起きたに違いないほど、荒々しい雰囲気であった。殺気立っているといいかえた方がいいかも知れない。自棄酒で眼がすわった連中がとぐろを巻いているだけではなく、みんな実弾のつまった短銃を持っているのだ。隊長でさえおそれをなして近寄れない空気であった」（森本、前掲書）

末期にはその酒さえもなくなった。そのうえ特攻隊員に対する消耗品といった軽蔑がつきまとうのである。森本氏の前掲書には、前記の鈴木二飛曹が特攻待機中、ある予備士官と思われる人物に、「たるんどる！　消耗品の屑めが！」と侮辱されたことが書かれている。

陸軍でも、特攻生き残りの木村照男氏（「童子」会員）の句集『特攻』（一九八九年、童子吟社）に次の句がみられる。

出陣の戦友《とも》汗だよと拭く涙
貴様らと呼ばれしことも炎天下
貴様らは消耗品ぞと夏落葉

特攻でありし昔や日向ぼこ
特攻は古傷のごと冬の月

「若者に希望を失わしむること勿れ」とは『人生劇場』の尾崎士郎の言葉であったと記憶しているが、大西中将という稀代のサディストの下で、大勢の若者たちが蛇の生殺しのような、生きながらの地獄の日々をおくった残酷な時代があったのだ。

死の出撃を待つ間のくるしみは、特攻隊員のみならず、その肉親をも襲った。第五章にもふれた一九九五年八月十五日毎日テレビ（当地神戸）「モーニングアイ〈終戦の日スペシャル〉」では、それに堪えきれず自殺した母たちのことが語られた。

予科練出身の片寄従道一飛曹が松山基地で特攻訓練を受けているとき、いわき市から母親の片寄ハナさんが面会に来て、息子が生還を期せない任務についたことを知った。同道した実弟の織内英胤氏（八十六歳）のテレビでの談話によれば、帰路の列車内で彼女は黙々と考えこんでいたという。帰宅そうそう彼女は自宅の納屋で自殺した。四十三歳であった。自分が生きていて息子の決意がにぶるよりもと、彼女はみずからの死を選んだのであると、織内氏は語った。だが遺書はなかった。母が子の出撃を待つ間の苦しみをともにし、ともに死を選んだのだと私は思う。片寄一飛曹は昭和二十年四月八日、国分基地から沖縄に向かって出撃し、散華された。出撃前に一度面会に自宅を訪れたとき、母の死を知らされたというが、彼の気持ちとしては、自分が死んでも、母親には生きていてほしかったのではないだろうか。

昭和十二年日中戦争勃発後まもなく、出征する将校を見送った若い夫人が、夫の決意をにぶらせないためにと、遺書を残して自刃し、新聞で大きくとりあげられた。かくあるべき武人の妻の一典型とされたのだが、しばらくして同じようなことが続出しては長期戦遂行に支障があるというので、軍から禁止の通達が出たことを記憶している。

学徒出身の陸軍特別操縦見習士官平田喜久氏は、満洲で特攻隊に編入された。かえることのない遺骨のかわりにと、髪と爪を佐賀県唐津市の母平田コユリさんのもとに送った。喜久氏はひとりっ子で、父なきあと母の手一つで育てられてきた学徒兵だった。送られてきたものを見て、コユリさんはどう思われたのであろうか。近くの川に入水された。さして深い川ではなかったという。喜久氏は沖縄戦のあと、出撃前に終戦となり、復員してこのことを知った。悲惨な話である。コユリさんも享年四十三歳だった。

この二人の母親たちだけではない。この放送ではほかにも自殺した母親や妻たちの多くの例があったことを付言していた。特攻は当事者のみならず、肉親をはじめ、その周囲の人たちを、いかに苦しめてきたことであろうか。

特攻隊員は消耗品などと罵倒されるのみにとどまらず、戦法そのものが、彼らに対してまともな扱いでなくなってゆく。神風特別攻撃隊神雷部隊といえば、きこえがいいが、一式陸攻に搭載投下されるロケット噴射式グライダーの人間爆弾「桜花」であった。操縦できる爆弾というだけで、当然爆装機のような自由度はない。沖縄戦で五航艦司令長官宇垣纏中将が参謀の反対をおしきって、ろくに戦闘機の護衛もつけず、無理な出撃をさせたため、昭和二十年三月二十一日の初回は、一式陸攻十八機が戦場目標到達前に、桜花をつんだまま全滅した。四月十二日第三次の攻撃では一式陸攻八機が出撃し、敵水上艦艇めがけて桜花六機が発進、駆逐艦一隻に土肥三郎中尉の一機が命中撃沈したほか、駆逐艦、掃海駆逐艦各一隻に至近弾という戦果を得た。一式陸攻は土肥機の母機のみが無事帰投するを得た。人間爆弾という悲惨な攻撃は、母機とともに多大の犠牲をはらって、撃沈は駆逐艦一隻という戦果を得たのみであった。

戦中に神雷特攻隊の報道を見て、特攻もそこまできたのかという感があったが、戦後米軍が桜花にバカ爆弾（BAKA BOMB）というコード・ネームをつけていたと知ったときはショックであった。彼らの合理主義からして、納得できなくはない。また外道の中でもひどすぎるものだと私も思う。だが人間一人が乗っていた爆弾である。バカ爆弾のコード・ネームをつけた者、使用した者は、おのれの敵をはずかしめるとともに、みずからの品位をおとしめるものであろう。

人間爆弾と同様にひどいのは、末期の特攻に「下駄ばき」といわれた鈍足の水上偵察機から、通称「赤トンボ」の練習機までがかり出されたことである。せめてもう少しまし な飛行機で死なせてくれという声があったという。赤トンボはおそいので、同時に進発した他の特攻機を目的地にたどりつかせるため、敵の攻撃を引きつける囮《おとり》にさせられたものもあった。だがこんな小手先のやりくりが役に立ったとは思えない。命令する側の論理では、どちらにしても、目的を達したら生きて還れないのだから同じだということらしいが、それですむことだろうか。

さらに悲惨な例を、森本氏は前掲書で、昭和十九年十月から十二月まで比島特攻作戦に、もっぱら直掩機として参加した角田和男氏の言葉として引用している。

「私はついていたこと（爆装機を直掩していた）があるんですが、タクロバン（レイテ島）の桟橋に特攻をかける命令をされたことがある。そのときの隊長は、いくらなんでも桟橋にぶつかるのはいやだ。空振りでもいいので、（タクロバンには）船がいるんだから、目標を輸送船に変えてくれと頼んでいましたが、そのとき中島飛行長（二〇一空飛行長）は、文句を言うんじゃない、特攻の目的は戦果にあるんじゃない、死ぬことにあるんだと怒鳴りつけていました。（中略）あのときには二十機近く出たんですが、あまり成功しなかった。目標が桟橋ではいくらなんでもひどいなあと思って私も聞いていました」

中島飛行長とあるのは、前出の猪口力平元大佐と共著で『神風特別攻撃隊の記録』を書いた中島正元中佐である。戦闘員として、相手が艦船ならば、敵とたたかって死ぬという意識をもつこともできよう。しかし桟橋のような建造物を破壊するために、自分の体をぶつけて死ぬことを戦死と思うことは困難ではなかったか。桟橋を相手に命を捨てる気にはなれるものではないと思われるのだが、反抗することもできず、このひどい命令に従うより道のなかった人たちのことは、いたましいとも何とも、言いようのない気持ちである。

昭和二十年三月二十六日、米軍は沖縄慶良間列島に上陸、四月一日、沖縄本島に上陸した。この同じ日、陸海軍部次長の間で、「昭和二十年度前期陸海軍戦備ニ関スル申合」が行なわれ、「陸海軍全機特攻化」が決定された。森本氏によれば、「この事実は、日本の戦争指導部が、正規の作戦を最終的に放棄して、『外道の統率』を誰に憚ることなく公然と認めたことを意味していた」(森本、前掲書)。すでに右の比島戦で見られた外道の残忍さに拍車がかけられ、帝国陸海軍の統率は頽廃の極にいたるのである。海軍では正式に辞退を申し出たものを特攻からはずしたという大嘘は、いったい誰が言いだしたのか。

一九八五年（昭和六十年）八月十二日、日航機が操縦不能となってダッチ・ロールといわれる迷走を続け、群馬県御巣鷹山に激突して大勢の死者を出した。この時の乗客の心理的苦痛は、想像するだけでも恐ろしい。家族にあてた遺書をしたためた人たちのことが新聞に出ていた。書きたくても書けない人もいただろう。それは待機中の特攻隊員と同じような情況であったと思われる。ただこの場合は万に一つの生きのびる可能性が無くはなかった。そして事実生存者がいたのである。特攻隊員にはそれすらもなかった。日航機事故補償の訴訟が起こされたとき、迷走中のはなはだしい心理的苦痛に対する補償の要求がなされたときく。納得できることではあるが、特攻隊員のこういう苦しみは、戦中にはまったく無視されてきた。いかに隊員宿舎がすさんできても、白昼抜刀して町なかをのしあるくような事件があっても、報道は禁止され、事実は伏せられた。今となっては本書「はしがき」にあげた知覧町の例のように、特攻そのものが忘れ去られる世の中なのである。

たまに特攻を思い出すことがあっても、流行作家の渡辺淳一氏は次のような文章を公けにしておられる。

「幸か不幸か、いま日本は平和で、人々はそれに飽いて、なにかとてつもない事件が起きることや、偉大なヒーローの出現を待っている。

プロスポーツの若いスターは、まさにその夢の実現で、だからこそ、マスコミはこぞって彼等のことを書きたてる。

それで彼等も気をよくするが、これらの記事を見ていると、かつて戦争中、軍神として称えられ、敵艦に体当たりしていった特攻隊を思い出す。

時代は違うが、彼らも当時は大スターで、本人はもとより、その家族から親戚まで新聞の記事になり称讃を浴びた。

だが彼等も、結局はつくられたスターにすぎなかった。

特攻隊と現代の若いスターと、違うところといえば、前者はそのまま死んだが、後者はなお生き続ける、という点である。

若くして死んだ特攻隊は哀れだが、見方を変えれば、至福の頂点で死んだ分だけ幸せといえなくもない。これにくらべて、生き残ってスターでなくなった人生は、もっと哀れかもしれない。

前にこの欄で触れたことがあるが、かつての阪神タイガースのスターであった江夏選手の例もある」（「週刊現代」一九九四年四月九日号）

「至福の頂点で死んだ」とはまことに心ない言葉である。昭和八年（一九三三年）生まれの渡辺氏にとって、特攻隊員は当時スターに見えていたかもしれない。だが平和の時代に風俗小説ばかり書いていたら、こんな文章しか書けなくなってしまうのだろうか。

哲学者梅原猛氏によれば、世阿弥の夢幻能で、ワキの旅の僧は、由緒の場所を訪ね、多くは怨霊であるシテの言葉を静かに聞く。

「世阿弥のワキの役割は、シテの内面に秘められた深い怨念を語らせることにあるばかりではない。ワキは怨念を語らせることによって怨霊を鎮魂するのである」（「読売新聞」一九九四年六月五日）

私はこの文章を読んで、これまで私が特攻隊員の遺書を機会あるごとにあつめてきたことの意味が、鎮魂にあったことを、はじめて悟ることができた。彼らが詩文に托した心のあとをたどり、文字に残すことのできなかった行間の意味をくみとり、彼らにかわって何かを訴えることによって鎮魂となるならば、それにすべての力をそそぎたいと志を立てた。

草柳氏の『特攻の思想』に次の文章がある。

「戦場が沖縄に移り、毎日のように鹿屋《かのや》から特攻機が出撃していたころ、突入寸前の特攻機からの無電に変化がおきたと、ある練達の海軍士官がいっている。

『祖国の悠久を信ず』『われ、敵艦に突入す』にまじって、『日本海軍のバカヤロ』『お母さん、サヨナラ』という電文がおくられてきた、というのだ」

こういう話は戦後だから活字にできた。「バカヤロ」の電文のことは、他の書、たとえば御田重宝『特攻』（一九八八年、講談社）にも出ている。

この書のはじめにあげた私の学友島澄夫君は「日本男児の本懐」「幸福者」「神州不滅」と書き残したが、「死なずに帰ってこいよ」との友の言葉に「いや、もうあかん」と答えて落涙し、飛び立ってかえらなかった。これも今だから公けにできたことである。隊員諸士の屈折した感情、その思いは、戦中に粉飾されて伝えられたような、一様なものではない。一人一人に違ったものがあり、一人の人格の中にも矛盾したものが存在し得るのである。

戦歿者の手記には戦争に反対し、祖国への呪詛をあらわにしたものもある。そういう死に方は悲惨ではあるが、戦争の真実の一面を認識し把握していたということで、救われるところがないとはいえない。だが私はこの戦争の非を認識し、国家の方針、軍のあり方に対する批判をしながら、あえて護国の人柱として死地に赴いた人たちの生きざまに、大きな感動をおぼえる。

京大生林尹夫《ただお》少尉は、昭和二十年七月二十七日深夜、四国沖に接近中の米第三八機動部隊の索敵のため大和基地を発進した。翌午前二時十分室戸岬東南百四十浬の位置で「われ敵を発見、敵戦闘機の追跡を受く」の第一電を発して空戦にはいった。二時二十分第二電「ツセウ」（敵戦闘機の追跡を受く）を連送、それなり電波は停止した。高速偵察機彩雲ならばともかく、乗機は鈍足で、しかも「ワンショット・ライター」の異名をもつ一式陸攻だったから、ひとたまりもなかった。発見したときが最後といわれる索敵機の宿命とはいえ、攻撃されれば必ず撃ちおとされると知っていて、林少尉は出撃したのである。むごい命令であった。

氏の令兄林克也氏は、戦死の情景をしのんで次のように書かれた。

「月は満月に近く、しかも昇って間もない。下方三千メートルは一面の雲海、金波銀波のさざ波のごとく、満天にまだ星がきらめき、そのなかを彼我の曳光弾がとびかった直後、一閃の爆発が同乗者七人の昇華を告げる。そして大気中に飛散した灰がひめやかに雲海にふりそそぎ、やがて海に散って消えはてた」

このイメージを『わがいのち月明に燃ゆ』の題名として、氏は令弟の日記、詩文を一九八〇年に筑摩書房から出版された。右はそれからの引用である。

三高時代に第二外国語として学んだフランス語が、伊吹武彦教授の感嘆されるほどであったことなど、師友に輝かしい才能を認められ、今なお語り草となっている林尹夫氏の珠玉の文章から、私の所論にかかわりのあるところのみを引用させていただく。昭和二十年美保海軍基地で書かれた「断想」の一部である。

「必敗の確信　ああ実に
昭和十七年頃よりの確信が
いまにして実現する
このさびしさ　誰か知ろう

さらば
さらば
みんな　なくなる
すべては消滅する
それでよいのだ
いわば　それは
きわめて自然なる過程ではないか

亡びるものは亡びよ
真に強きもののみ発展せよ
それで　よいではないか
しかし
我々は盲目だ
ただ　闘うこと
それが我々に残された唯一の道
親しかりし人々よ

……！

闘わんかな」

「南九州の制空権
すでに敵の手中にあり
我らが祖国
まさに崩壊せんとす

生をこの国に享《う》けしもの

なんぞ　生命を惜しまん
愚劣なりし日本よ
優柔不断なる日本よ
汝　いかに愚《おろか》なりとも
我ら　この国の人たる以上
その防衛に　奮起せざるをえず

オプティミズムをやめよ
眼をひらけ
日本の人々よ
日本は必ず負ける
そして我ら日本人は
なんとしても　この国に
新たなる生命を吹きこみ
新たなる再建の道を
切りひらかなければならぬ

若きジェネレーション
君たちは
あまりにも苦しい運命と
闘わねばならない
だが　頑張ってくれ

盲目になって　生きること
それほど正しいモラルはない
死ではない
生なのだ
モラルのめざすものは
そして我らのごとく死を求むる者を
インモラリストと人は言わん」

今の若い人たちは、おそらく若者がより若い世代に後事を托する気持ちを奇異に感じられるだろう。だが日本の将来に祈りをこめて、バトンを渡そうとした事実はあったのだ。もう敗戦は目に見えていて、みずからのいのちもながくないと判断したとき、後の世代に望みをもつ以外に道があっただろうか。

昭和十九年、横須賀でのこと、第七章で紹介した私の中学同級生、海軍大尉田路嘉鶴次君に、同じ中学の二年後輩で、同じ柔道部員だった予備学生中本正徳君が出会った。この時、駆逐艦で出撃する前の田路君が、おれが死んだあとの日本をたのむ、と言いのこしていったという。「達観していられたような感じでした」と中本君は、戦後私に語ってくれた。二十四歳と二十二歳の若者同士の会話である。その中本君もすでに亡い。かく言う私自身も、二十四歳にして、みずからの死後の日本を次の世代に托する気持ちを、ひそかに詩文にのこしていた戦中であった。

本章で引用した森岡氏の『若き特攻隊員と太平洋戦争』から、陸軍特攻隊の第二十振武隊員、穴沢利夫少尉の日記を引用させていただく。

「二十年四月九日［月］

終日雨降りしぶく。

長与善郎著『自然とともに』読み始む。

万葉を読み度《た》し。

詩を読み度し。
○読み度き本
一、万葉、芭蕉句集

二、高村光太郎「道程」
三、三好達治「一点鐘」
四、大木実「故郷」
○観たきもの
ラファエル　聖母子像
芳　崖　　悲母観音
○聴き度きもの
一、シュトラウスのワルツ集
二、懐しき人々の声」

生き残ってこれらに接することのできた私は、ここを読んだとき、胸がいたんだ。穴沢少尉は中央大学の出身、四月十二日沖縄方面へ出撃し、還らなかった。

人生二十五年という言葉があった。今は思い出す人さえない死語になってしまったが、戦争も中期に入って、予科練や少年兵の募集がさかんになったころの合言葉であった。新聞紙上でもよく用いられた。現実には少年兵たちにとっては人生二十年たらずになったが、私には二十五年であった。三十歳までに死ぬと言い残して海兵へ行った友のことは前に記した。戦争末期にたまたま林房雄の長篇小説『西郷隆盛』の第三巻であったか、「而立の巻」を手に入れることができて読んだ。

それには三十歳の新春を迎えた西郷隆盛の感慨が、あざやかに描かれていた。読みながら、ふと私も三十になったらどう変わっているだろう、三十歳とはどんなものなのだろう、と考えた。それは現在の月の世界よりも遠い、到達不可能な世界と思われ、それだけに、天国へのあこがれのような気持ちが、三十の世界にむかって起こってきた。

すでに敵の本土上陸は必至と判断しており、日本刀を買う金も現物もないから、せめて勤務する工場の私物製作で出刃庖丁でも作ってもらい、竿の先にしばりつけてたたかうつもりであった。もう自分の残された道は、空襲で死ぬか、上陸作戦で死ぬか、とにかく黙って死ぬことだけだと考えていた。二十五歳が最後と思い、生きのびる望みは全然持っていなかった。みずからの命は尽きても、国家悠久の生命を信じていた。爆撃の最中は防空壕の中で、岩波文庫の『古事記』をポケットから出して、冒頭から読んでいった。混沌の中から葦のように神々が生まれてくるところなど、奇妙なことに、かえって現実的と思われたものである。

似たようなことが橋川文三の『日本浪漫派批判序説』（一九六〇年、未来社）に出ていた。「ドイツ的イロニイに出発した保田は、国学的な絶対的現状容認を通じて、さいごには近代兵器の成立ちを説くことさえ、英米的（＝から心的）謀略のあらわれと断ずるようになる。これは現実的には敗戦と没落を肯定追求する心情にほかならない。事実、私たちと同年のある若者は、保田の説くことがらの究極的様相を感じとり、古事記をいだいてただ南海のジャングルに腐らんした屍となることを熱望していた！　少くとも『純心な』青年の場合、保田のイロニイの帰結はそのような形をとったと思われる」（「から心」は国学者のいう「からごころ」＊引用者註）

私の友は言葉のとおり三十をまたず、二十四歳で戦死した。三十歳への彼の思いはどうであったろうか。寄せ書きに残した30の数字は、私が記憶していたように彼も記憶していたはずだ。というより、つねに意識していたのではなかったか。未知の世界への好奇心を交えたおもいは、私と同様彼もたたかいの合間にいだいたことであろう。あこがれを持たない若者はいないからだ。

三十歳を到達できない世界のこととして、空想するばかりだったのも、遠いむかしのことになってしまった。現実に私が三十の歳を迎えた日に、西郷隆盛のような感慨があったかどうか、もはや定かではない。馬齢を重ねたとはこういうものか。何ということだろう。

防空壕の中で「あめつちのはじめのとき、たかまのはらになりませるかみのみなは、あめのみなかぬしのかみ、……」と唱えてゆくことによって、爆弾の恐怖をしばし忘れることができたことは事実である。念仏のように恐怖とのたたかいの一つの方便になったと考えられるが、結果としてそうなったとしても、当時の私にそのつもりはなかった。僭越とは思うが、第五章で紹介した林市造少尉の遺書にあった「私は讃美歌をうたいながら敵艦につっこみます」の気持ちが、ある程度理解できると思われるのである。

林少尉はまた、昭和二十年三月十九日の日記に次の文をのこしていられる。

「私は二、三月を出ずして死ぬ。私は死、これが壮烈なる戦死を喜んで征く。だが同時に私の後に続く者の存在を疑うて歎かざるを得ない。

世にもてはやさるる軍人も、政治家も、何と、薄っぺらな思慮なきものの多きことか。誠の道に適えば道が分るはず。まさに暗愚なる者共が後にのこりてゆくを思えば断腸の思いがする。

大君の辺に死ぬことは古来我々の祖先の願望であった。忠なる人とは大君の辺に死ぬことをこい願った人のことである。

身を草莽の軽きに置かず、勿体なくも、大君のために自分が死ぬと云う。私は勿論、大君のためと云うた人々のすべてが、自分の国に対する力を過大に評価して居たとはいわぬ。だがかかる人の何と多きことか。

宛然国中国を確立する軍人に於てかかるものの最も多きことは痛憤にたえないところである」

これを読んだとき、私は昔の自分の姿を見たようで、言いしれぬ感慨にうたれた。実は第七章に引用した、「神武必勝論」の神風論議批判の次のところに、以下の文章が続くのである。

「今ヤ教育界ニ於テモ忠君ハ愛国ト離レ、西欧的愛国心ハ云々スレドモ、大君ノ御為トイフコトスラ言挙トナシテ、ヒタスラ辺ニコソ死ナメト念ジタル、吾等ガ祖先ノ恋闕《レンケツ》ノ情ハ地ヲ払ヒ、皇居ノ御徙遷《シセン》ヲ口ニシテ怪マザルニ到ル。忠義トハ道徳個条ノ一ニ等シキ状態ナリ」

よくいわれた「天皇陛下のおん為に死ぬ」という忠義の意味づけを排し、「大君の辺にこそ死なめ」とのみ念じた草奔の志を、キリスト者の林少尉の日記に見いだしたことは、私にとって大きな感動であった。一高の先輩でキリスト者の河村幹雄博士は、工科系の大学教授であられたと記憶しているが、その著『名も無き民のこころ』（岩波書店）は、キリスト者の立場から、祖国を思う心のあふれた文章で、感動したものであった。震災で失ったため、引用できないのが残念である。林少尉の信仰は河村教授のそれにかようものがあったのではないだろうか。もしかすると、同時代人として、彼も私と同じころこの本をお読みになったのではないか、と思ったりするのだ。

水漬く屍、草むす屍、大空に散る桜花、あるいはジャングルに果てるも、防空壕で爆死するも、そこを大君の辺とかしこみ、いのちをささげることが、当時の私の生きることのすべてであった。同じころ、同じ思いで生き、そしていのちのかぎり求道者として、迷い、くるしみ、若くして去った友を、五十年後に見いだしたことは、悲しい感激であった。

戦争はだしぬけに、まったく私の予期せぬ形で終わってしまった。林尹夫少尉の戦死からわずか十八日後のことであった。原爆がこようと、ソ連が攻め込もうと、黙って死ぬことにかわりのないつもりが、いきなりその目標を失って、人生が空白になってしまった。死におくれた人生は人生でなかった。しいていえば余生でしかなかった。その余生も、すでに五十年を数えようとは、夢にも思わなかったことである。だがそれが、同世代の人びとの犠牲のゆえに与えられた余生であったことは、うごかすことのできない客観的事実であった。私の余生は、その犠牲の意味を問いつづけてきた五十年であったといえる。そして五十年目の鎮魂を自覚したとき、やや何かがわかりかけてきたように思われるのである。

防空壕の中で古事記を誦していたのは、昭和二十年三月以降のことであるが、それまで私がくりかえし読んでいたのは、古事記中巻の弟橘媛《おとたちばなひめ》の説話であった。稿をすすめるにあたって、戦中の記憶をたどり、当時の心境を想起しつつ、ここまで来たのだが、途中でこのことを思い出したのだった。弟橘媛の章は、死に直面していた日々の私の心の動揺に対して、指針を与えてくれるものであった。そのきっかけは、たまたま書店の店頭で「ひむがし」という小雑誌を手にしたことにはじまる。目次を見ると影山正治「古事記新講——弟橘媛」の字が目に入った。拾い読みしてみると、解釈に新鮮な印象を受けたので、買ってかえって熟読した。出版元の大東塾の名も、影山氏の名も、それまでは知らなかったが、その文章に感銘を受け、反芻しているうちに、自分なりの指針とすべきものに到達したのであった。

日本武尊《やまとたけるのみこと》（小碓命《おうすのみこと》）が焼津の火難を、伊勢神宮で倭《やまと》比売命《ひめのみこと》から賜わった火打ち石と、草薙剣《くさなぎのつるぎ》で切りぬけたあと、浦賀水道を渡ろうとしたときのことを、岩波文庫、幸田成友校訂版の『古事記』（一九四四年）から引用する。

「其《それ》より入《い》り幸《いでま》して、走水海《はしりみづのうみ》を渡ります時に、其の渡《わたり》の神《かみ》浪を興《た》てて、船《みふね》廻《たゆた》ひて、得《え》進《すす》み渡りまさず。爾《ここ》に其の后名《きさきみな》は弟橘比売命《おとたちばなひめのみこと》白《まを》したまはく、妾《あれ》御子《みこ》に易《かは》りて海中《うみ》に入りなむ。御子《みこ》は、所遣《まけ》の政《まつりごと》遂げて覆奏《かへりごとまを》したまふ応《べ》しとまをして、海に入りまさむとする時に、菅畳《すがたたみ》八重《やへ》、皮畳《かはたたみ》八重《やへ》、絁畳《きぬたたみ》八重《やへ》を、波の上に敷きて、其の上に下《お》り坐《ま》しき。是《ここ》に其の暴浪《あらなみ》自《おのづ》から伏《な》ぎて、御船《みふね》得《え》進《すす》みき。爾《かれ》其の后《きさき》の歌曰《うた》はせるみうた、

さねさし　相模《さがむ》の小野《をぬ》に　もゆるひの　火中《ほなか》にたちて　とひしきみはも

故《かれ》七日《なぬか》ありて後に、其の后の御櫛《みくし》、海邊《うみべた》に依《よ》りたりき。乃《すなは》ち其の櫛《みくし》を取りて、御陵《みはか》を作りて、治め置きき」

倉野憲司氏は『古事記全註釈』（一九七九年、三省堂）で次のように解説していられる。

「○**其渡神興㆑浪**　渡神は海峡（水道）の神であるが、この神がなぜ浪を興したか、古事記には記されてゐない。然るに書紀には『亦進㆓相模㆒、欲㆑往㆓上総㆒。望㆑海高言曰、是小海耳。可㆓立跳渡㆒。乃至㆓于海中㆒、暴風忽起』とあつて、高言《ことあげ》されたために、神が怒つて暴風を起こしたことになつてゐて自然である。コトアゲは神の意志を無視して自己の意志を揚言すること。『言挙』とも書く。『大言壮語すること』と説く人もあるが、それで

は宗教性が欠如してゐる」
「○以二菅畳八重・皮畳八重・絁畳八重一、敷レ于二波上一而、下二坐其上一　書紀には単に『披レ瀾入之』とあるのみであるが、古事記に菅《すげ》や皮や絹で作った敷物八重を波の上に敷いて、姫はその上に下り坐《ま》したといつてゐるのは、海神が姫を鄭重に受け入れたことを物語つてゐるのである。即ちこれらの敷物は、元来海神の国で賓客を迎へる時に用ゐられるものと信じられてゐたやうである」

　影山氏の解説も書紀を引用しておられた。小学校で学んだ国語読本では、「弟橘媛」という表題で、この物語が文語体で、敷物のことまで書かれていたと記憶している。だが日本武尊の身代わりとして、弟橘媛が入水したことによって、荒れ狂っていた海が凪いでしまったということは、その時には納得できなかった。入水死は人間の行為であり、暴風波浪がおさまったことは気象の変化だから、その間に因果関係があるとは、小学生の頭には理解できなかった。だが戦中に読んだときは、その象徴的意味を理解することができたのだった。

　言挙げは岩波古語辞典でも「古くはコトアゲは禁忌とされた」とあるように、神の前で犯すべからざるタブーであった。日本武尊は焼津の火難をのがれ得た安堵感、謀殺を企てた敵を征伐し了えた満足感からであろうか、これから征服に向かう門出にあたって、目の前の走水海（はしりみずのうみ、今の浦賀水道といわれる）を、何ということもないと思ったのであろう。「これ小さき海のみ、立ち跳びて渡るべし」と言挙げした。タブーを犯してしまったのである。ところが何でもない海と思ったところに、わだつみの神がおわしましたのだ。その怒りが神罰としてくだって暴風がまきおこり、船はぐるぐる廻るばかりで進むことかなわず、難破寸前までおいこまれてしまった。神の要求しているのは日本武尊のいのちであった。そのいのちを救うため、弟橘媛はみずから申し出て身代わりとなったのである。景行天皇から与えられた使命をまっとうしてほしい、というのが「遣《つか》はさえし政《まつりごと》を遂《と》げて覆奏《かへりごと》したまふべし」（倉野憲司校注版、一九六三年、岩波文庫）である。その死が愛する人のいのちをまもるためであったことは、辞世が見事な相聞歌であったことから明らかであろう。「さねさし」は相模の枕詞であるという。この歌の解釈には、これを独立歌として、「問ひし君はも」を春の野火の中の一般的な恋の歌とする説もあるというが、この物語の歌としては通用しないと思う。あくまでこの歌は、焼津の火の中で私の安否をたずねて下さった君よ、でなければならないと思われる。弟橘媛がいのちをかけて詠んだ相聞歌の絶唱とするのが正しい理解であろう。

小学校で教わって以来思い出したことのなかったこの説話を、私が新しい気持ちで読んだ昭和十八年の秋は、中部太平洋における米軍の反攻が激化していた。九月にギルバート諸島が空襲されたあと、十一月にはそのマキン、タラワ両島守備隊が玉砕した。米軍はさらにマーシャル諸島まで来て、クェゼリン、ルオット両島守備隊が玉砕したのは十九年二月である。陸海軍の報道部は「戦局に一喜一憂することなく」と、たえず新聞、ラジオで叱咤していたが、一喜がなくて一憂の連続であることは、国民の誰もが感じていたことだ。

愚劣な戦争指導者がその場しのぎに打つ手は、つとに見すかされてしまっていて、米英軍の攻勢の前には何の役にも立たなかった。かろうじて戦線を支えていたのは、無名戦士たちの忠誠であった。日本の歴史においても、世界戦史上にも、これほど無能な指導者の下で、これほど勇敢にたたかい、戦線をもちこたえた軍隊はなかったのではないだろうか。玉砕につぐ玉砕、それは昭和二十年三月十七日、硫黄島守備隊の玉砕まで続いたのである。硫黄島では死者こそ日本軍のほうが多かったが、死傷者数は兵力戦力の圧倒的優位でのぞんだ米軍のほうが大であった。連合国軍司令官のマッカーサーは、そのために天皇制打倒を口にしなくなったとまでいわれている。玉砕がなくて、すべてあっさり降伏していたら、戦争はすぐに終わっていただろう。さらに玉砕戦術の上に特攻作戦が重ねられてゆくのである。

会田雄次氏は日露戦争で旅順を開城した司令官のステッセルが、戦後抗戦不充分、早期降参の罪で死刑判決を受け、後に減刑された例をあげ、日本では敗戦責任が問われたことがないと嘆じておられる（「正論」一九九五年七月号）。前にも述べたように、かねがね私も考えていたことだが、日本では開戦の決定にしても、作戦の失敗にしても、当事者の責任は追及されることがなかった。

参謀総長杉山元大将のいわゆる『杉山メモ』によれば、昭和十六年九月五日、昭和天皇は近衛首相と永野軍令部総長のいる前で、「絶対ニ勝テルカ」と大声でただした。杉山は「絶対トハ申シ兼ネマス、而シ勝テル算ノアルコトダケハ申シ上ゲラレマス。必ズ勝ツトハ申シ上ゲ兼ネマス。ナホ日本トシテハ、半年ヤ一年ノ平和ヲ得テモ、続イテ困難が来ルノデハイケナイノデアリマス。二十年、五十年ノ平和ヲ求ムベキデアルト考ヘマス」と答えた。天皇はまたも大声で「ア、分ツタ」と言ったという。

開戦前に日米両国の国力を比較検討する作業はくりかえしなされ、多くは戦争が無理だという結論が出ていた。政府や軍の首脳部は、それを知っていながら、希望的な数字をとりあげた楽観的な見通しのほうを採って、たたかいにのぞんだのである（たとえば猪瀬直樹『昭和16年夏の敗戦』一九八六年、文春文庫）。孫子にいう「勝兵は先ず勝ちて而る後に戦いを求め、敗兵は先ず戦いて而る後に勝を求む」の後者をとったのであった。

会田氏のいわれる敗戦責任を真っ先に問われねばならない軍人は山本五十六大将であろう。有名な話だが、昭和十五年九月、近衛首相に対米戦の見通しをきかれ、「それは、ぜひやれといわれれば、初め半年や一年は、ずいぶん暴れてごらんにいれます。しかし二年、三年となっては、まったく確信はもてません」と答えた。正直に「負ける」と言いたくない、言えないための言葉であったわけだが、近衛は前半のほうをとって、一年ぐらいは持つと思ったらしい。それから一年後の九月に、再び近衛から同じことをきかれた山本は「ぜひ私にやれといわれれば、一年や一年半は存分に暴れてご覧に入れます。しかし、その先のことは、まったく保証できません」と答えている。前半のところが半年ずつのびたわけだ。戦争は、彼が保証できないと言ったとおりの結果になるのだが、近衛はまたも前半の暴れるほうをとって、楽観論に引きずられていったのである。

だが実際はどうであったか。山本ひきいる連合艦隊は半年もたなかった。米海軍とまともにたたかったのは五カ月目の珊瑚海海戦までであった。開戦半年後の昭和十七年六月五日には、ミッドウェイ海戦で、敵に倍する艦隊勢力でのぞんでいながら、山本以下の統率の失敗で惨敗した。主力空母四隻全部とともに優秀なパイロット五百名、飛行機三百二十機を失ってしまい、米海軍と対等にたたかい得る戦力は消滅してしまった。この敗戦の原因を、暗号がすべて解読されて、筒抜けになっていたことのせいにするのは、言いのがれにすぎない。敗因は、いくたびか訪れた勝機をすべてみずからの手でつぶしてしまった首脳部の無能にあった。山本司令部最大の過失は、大和のみがもつ送受信能力で、敵機動部隊の出動を知っておりながら、南雲機動部隊に知らせなかったことであり、南雲司令部最大の過失は、敵機の攻撃を受ける前に、即時攻撃隊発進させよという、山口多聞少将の意見具申をにぎりつぶしたことであった。これが最後の勝機であった。

攻撃主力の空母艦隊の前に出て、それを護衛すべき世界最強の戦艦大和は、山本司令長官をのせて三百浬の後方を「進撃」していたのに、電波の発信によって自分の位置が知られるのをおそれ、たたかいの帰趨を決める最重要情報を発信伝達しなかったことは、司令部の士気のたるみとしか考えられない。いったい山本は何のためにノコノコついて行ったのか。

似たようなことが開戦直後にもあった。十二月八日真珠湾攻撃成功の報に接した山本は、その日の正午、長門以下戦艦六隻をふくむ三十隻の艦隊を、瀬戸内海柱島基地から出動させた。名目は攻撃部隊の収容ということであったが、豊後水道から小笠原諸島まで堂々進出し、何もしないで十三日艦隊は柱島に帰投した。生出氏はこの行動について、次のように書く。

「要するに、このぶらぶら航海で、艦隊乗組員は全員、戦闘に参加したということになり、加俸や勲章を受ける資格ができたのである。連合艦隊主力は、何の危ない目にも会わないのに、仲間の勝ち戦でお祭り気分になって、ごほうびのお裾分けにあずかったというものであろう」（『凡将山本五十六』）

だが「石油の一滴は血の一滴」といわれた燃料不足の事態は、すぐそこまできていたのである。

連合艦隊最高責任者の山本は、近衛との約束――それは国家および国民への約束になるものだ――を破ったことについて、一言も詫びていない。その責任も追及されなかった。南雲司令部もしかりである。ひとり勇戦して南雲艦隊唯一の戦果をあげた山口少将は、空母飛竜が沈むとき、艦長の加来止男大佐とともに艦にのこり、還らなかった。そのわずか前、被弾のため片道燃料しか給油できずに出撃する友永丈市大尉の手をにぎり「おれもあとからいく」と、山口司令官は言っていたのだった。

孫子にいわく「彼を知り己れを知れば百戦殆うからず。彼を知らずして己れを知れば一勝一負す。彼を知らず己れを知らざれば戦う毎に必ず殆うし」。彼を知らず己れを知らぬ指導者たちの軽卒な言挙げで日米英戦争は始まった。「絶対ニ勝テルカ」「勝テル算ノアルコトダケハ申シ上ゲラレマス」「ア、分ツタ」「一年や一年半は存分に暴れてご覧に入れます」――これらは日本武尊説話における言挙げ、「これ小さき海のみ、立ち跳びて渡るべし」を二十世紀に現前したものであった。その言挙げとともに、たたかいの海に乗り出した日本という船は、わだつみの神のいかりをまねき、暴風雨の中で舵をとられ、破船の寸前にまできてしまった。その時、日本をまもるため、身代わりになった弟橘媛が、若者たちであった。彼らが身代わりになろうとしたのは、親兄弟であったか、妻子か、愛する人か、美《うま》し国土か、天皇をいただく国体というものであったか。思いはさまざまであっただろう。春秋に富む彼らが散華して五十年、その見果てぬ夢をしのび、うらみを思い、祈りにふれることが、生きのびてしまった私のつとめであった。

さねさし　相模の小野に　もゆるひの　火中にたちて　とひしきみはも

弟橘媛は入水にのぞんで、相聞歌の絶唱をのこした。戦歿学徒はじめ戦死された人たちののこした多くの手紙、詩文は、祖国および祖国の人びとに寄せる相聞歌であったと、いえるのではないだろうか。

神話には民族の深層心理がかくされているという。それが過ぐる日の戦争の苛烈な局面に、特攻として、玉砕として、あらわれいでたといえば、言いすぎであろうか。私は戦死者の姿に弟橘媛のイメージを重ね合わせておがみたい。彼らが帰りたくて帰れなかった祖国の神話と、彼らと、私自身のむすびつきを信じたい。それが私のささげる五十年目の鎮魂である。

あとがき

本年一月十七日、阪神淡路大震災の夜、私は神戸市長田区の医院三階で寝ていました。第一撃が去って、これより大きいのがこなければ命が助かりそうだという気がしはじめましたとき、真っ先に考えましたのは、このまま死んでしまえば、永年の念願であった追悼の書を世に出すことなく、非命にたおれた同世代の人たちの思いが、資料とともに埋もれ去ってしまうということでした。資料収集ばかりにおわれ、筆を起こすのを先送りしてきた無為の日々に対する、きびしい天のいましめと感じました。さいわい二度目の余生を与えられましたので、ただちに筆をとろうとしましたが、失われた書物のかわりに図書館へ行こうにも、被災で閉館が続き、散佚した資料をさがし求めながらのことですから、気はあせっても、思うように筆が進みません。東京経済金成良克氏のご助言ご激励がなかったら、とてもできなかったと思います。

序文執筆を快諾してくださいました中学高校の先輩直木孝次郎教授、ご助力をたまわりました森岡清美教授、内田剛弘氏、穎川良平氏、神津直次氏をはじめ、文献の引用をさせていただきました森本忠夫氏、高木俊朗氏、柳田邦男氏、生出寿氏、草柳大蔵氏に、厚くお礼を申し上げます。このほかにも、お名前をあげませんが、多くの方々のおかげで、何とか形あるものにできましたことを、深く感謝いたします。

第四章の終わりに引用しましたヘーゲルの言葉は、昭和十五年京城帝国大学教授から、第一高等学校校長としてこられた安倍能成先生が、倫理の時間に口ぐせのようにおっしゃられたものです。先生は「世界歴史は世界審判である」といわれ、Die Weltgeschichte ist die Weltgerichte. と必ず独文を言い添えられました。「三昧人」創刊号（一九九五年、東京経済）掲載論文の「帝国陸海軍の栄光と汚点」に、この言葉を引用するに際し、出典を明らかにしておきたいと思い、ヘーゲル『歴史哲学講義』などしらべましたが見当たりません。友人たちにたのんでいましたら、高校大学同級生の元国立遺伝学研究所長松永英君が、即座に『法の哲学』だと教えてくださいました。そのうえ、高山岩男著『ヘーゲル』（一九三六年、弘文堂書房）を、サイドラインまで引いて送ってくださいました。友達とはありがたいものです。早速それによって震災後の図書館でしらべ、『ヘーゲル全集』第九巻（一九五〇年、岩波書店）に出ていることを確認いたしました。ただしその全集も、高山氏もWeltgerichte に「世界法廷」の訳語を当てていました。私も特攻殺人の告発にはこのほうが適切と考え、「三昧人」には安倍先生の訳語を用いていましたのを、本書では「世界法廷」にあらためました。

同世代の多くの友らが命にかえて守った祖国の戦後は、文化国家を標榜したのも束の間、経済大国を謳歌する頽廃にいたって、久しいものがあります。むかし新任の首相は訪米して、大統領のご機嫌伺いをしたものですが、今では訪韓して謝罪するのが恒例のようです。くりかえし謝るのは、本当に謝っていないということではないでしょうか。気に入らぬ隣国の閣僚を罷免せよと要求するほうもするほうですが、そのたびに言いなりになるほうもなるほうです。いつの間に韓国は日本の宗主国になったのでしょうか。これではむかし日本の悪しきナショナリズムが、韓国のナショナリズムを圧殺した歴史の裏返しです。韓国のナショナリズムがこんなことで満足するとしたら、大きなまちがいだと思います。まともなナショナリズムは、相手のナショナリズムを尊重しないでは成り立ちません。言いなり政治家はその心性において、むかしの悪しき日本のナショナリズムと同根と思います。戦中には植民地支配のため、日鮮同祖論というものを、御用学者が唱えました。今度は日韓共通の歴史認識とやらを、政治家たちが御用学者につくらせようとしているかのようです。この構想は東京裁判の轍を矮小化して踏むもののように思われます。私は東京裁判の最大の誤りは、歴史家の仕事を、戦争当事者がやってしまったことにあると考えるからです。

どうしてこのような祖国の姿になってしまったのでしょうか。これではいけない、このままでは先に逝った人たちに合わす顔がない、そう思いつづけながら、ずるずるときてしまった五十年でした。祖国を頽廃と滅亡から救う道を考えるにしても、もう私にはのこされた時間がありません。彼らの鎮魂という大それた目標を掲げてまいりましたが、心の中では、彼らに申しわけない懺悔の気持ちあるのみです。余生のかぎり、み魂やすかれと祈りつつ、許しを乞うほかはありません。

いくたびか原稿を読みかえして気がついたことですが、この書は私個人にとって、はからずも、わが青春のウルトラナショナリズムへの墓碑銘となりました。

一九九五年十二月九日

三村　文男（みむら　ふみお）

1920年兵庫県神戸市生まれ。満洲帝国建国大学中退。第一高等学校を経て、1945年東京帝国大学医学部卒業。勤務医を経た後、現在まで神戸市長田区で開業医を営む。戦記物、特に第二次世界大戦の評論は鋭い。著書『米内光政と山本五十六は愚将だった』（テーミス）。

神なき神風

2003年 8 月15日　初版第 1 刷発行

著　者　三村文男

発行者　伊藤寿男

発行所　株式会社テーミス

東京都千代田区一番町13-15　KG ビル　〒102-0082

電話　03-3222-6001　Fax　03-3222-6715

印刷　製本　株式会社平河工業社

ISBN4-901331-07-8

定価はカバーに表示してあります。落丁本・乱丁本はお取替えいたします。